PAUL MORPHY.

SKIZZE

AUS DER SCHACHWELT.

LEIPZIG,

VERLAG VON VEIT & COMP.

1859.

HERRN

DANIEL WILLARD FISKE

IN FREUNDSCHAFTLICHER GESINNUNG

DER VERFASSER.

INHALT.

VORBEMERKUNGEN.

NOTATION.

Zum Verständniss der Notation oder Zeichensprache, welche für die Darstellung der in vorliegender Schrift sich findenden Schachpartien in Anwendung gebracht ist, diene folgende Erklärung. Vom Standpunkte des weissen Lagers aus denke man sich die von unten nach oben laufenden Felderlinien in der Ordnung von links nach rechts unten mit den Buchstaben a bis h unterzeichnet, die von links nach rechts gehenden Felderreihen dagegen von unten nach oben durch die Ziffern 1 bis 8 angedeutet. Auf jedem Felde trifft nun ein Buchstabe und eine Ziffer zusammen, deren Vereinigung den Namen des Feldes bestimmt, während durch Zusammenstellung des früheren wie des neugewählten Feldes für eine gezogene Figur dieser Zug angegeben wird. Bei Bewegung von Offizieren ist deren Anfangsbuchstabe vorgesetzt, indem K König, D Dame oder Königin etc. bedeutet. Ein Kolon : am Schlusse eines Zuges zeigt an, dass eine feindliche Figur geschlagen, und ein Kreuz †, dass Schach geboten wird, das Symbol ⸸ aber die Vereinigung beider Fälle. Durch 0 — 0 wird die Rochade nach der Königsseite, durch 0 — 0 — 0 die nach der Damenseite ausgedrückt, durch das Parallelzeichen ǂ endlich der Mattzug hervorgehoben.

BERICHTIGUNGEN.

Auf S. 9. Z. 5. lese man Probitates statt Pobitates und Z. 16. unto him statt umto him. S. 11. Z. 24. ist se in so zu wandeln und S. 13. Z. 7. Cyäne in Ciane zu verbessern. S. 31. Z. 2. v. u. muss es Bestätigung statt Widerlegung, S. 155. letzte Zeile vier statt eine heissen und S. 36. Z. 3. von unten ist das g zu streichen, wie S. 95 Z. 17 das überflüssige n. In Partie 13 (S. 54) corrigire man 14. Le4—d3 in 14. Lc4—d3, und in Partie 24 (S. 81) 16. Se8—d6: in 16. Sd8—e6. In einigen Abzügen des letzten Bogens, S. 206. Z. 4., ist der Druckfehler „nach langer Zeite in“ stehen geblieben und in „noch lange Zeit ein“ zu verbessern. Für diese wie noch wenige andere leicht zu tilgende Buchstabenfehler möge der Inhalt der Mittheilung entschuldigen, dass das ganze Buch in den Mussestunden während der kurzen Frist von kaum einem Monate geschrieben und in derselben Zeit gesetzt, corrigirt und gedruckt worden ist.

PAUL MORPHY,

DER TRANSATLANTISCHE SCHACHMEISTER.

Erstes Kapitel.

Einleitung.

Eine des königlichen Spieles würdige Anschauung hat es vor anderen geadelt und schon frühe einen Geist der Ritterlichkeit in ihm erkannt. 1)

Geschaffen nach der Sage zum Frommen eines gekrönten Hauptes fand es in fürstlichen Händen erste Uebung und weitere Verbreitung durch ritterliche sieggewohnte Saracenenschaaren.

Es ward in Mitteleuropa durch Kämpfer des heiligen Kreuzes heimisch und das Lieblingsgut bevorzugter Stände. Der Cleriker sah in ihm Analogieen mit dem Leben und würdigte es zur Quelle erbaulicher Reden. Der Edelmann liebte es vor dem Würfel und zählte es unter den sieben ritterlichen Tugenden. 2)

In sich selbst aber barg das edle Spiel seit seiner frühesten Entwicklung zahlreiche noble Pointen, deren Ausdruck in einzelnen Bräuchen noch bis zur Gegenwart sich erhalten hat. Wir gedenken nur der ehrerbietigen Ansage eines Angriffes gegen den König wie seine erlauchte Gefährtin, der möglichsten Enthaltung vom Tauschhandel mit den Steinen, der Erschwerung der Standschaft für den bis zur letzten Schranke vorgedrungenen bäurischen Emporkömmling, endlich der Unverletzlichkeit wie gegenseitigen Unnahbarkeit der gekrönten Figuren.

Einzelne dieser und ähnliche Bestimmungen sind zwar wie manche andere Annahmen seit der nüchternen materiellen Anschauung moderner Zeiten der strengeren Entwicklung und gleichmässigen Handhabung von Gesetz und Regel gewichen. Auch haben theoretischer Eifer und literarische Studien der Fortbildung des Spieles ernsteren Charakter verliehen, sie haben die Frische der lebenden Partie zu Zeiten in den Hintergrund gedrängt und den kühnen Chancen praktischer Wagniss wie der persönlichen Freiheit in brillanter Spielführung engere Grenzen gezogen.

Aber fremd den gewöhnlichen Interessen der Gesellschaft, erhaben über alltäglicher Meinungsverschiedenheit und Parteigeist, hoch über nationaler Neigung und Eigenschaft hat die Beschäftigung mit dem edlen Spiele noch immer einen romantischen Anstrich behalten und mitten unter den materiellen Interessen der Gegenwart idealen Aufschwung seinen Anhängern gelassen. Denn als Kampf lebender Kräfte mit geistigen Waffen auf freigewähltem Terrain bietet es einen Tummelplatz für Thätigkeiten der Erkenntniss wie des Willens, und Unabhängigkeit von gewöhnlichen Lebensverhältnissen giebt ihm ideellen Charakter von wohlthätigster Rückwirkung auf unverdorbene Verehrer. 3)

In diesem Sinne hat das edle Spiel noch zu allen Zeiten besonders hervorragende Geister gefesselt, die es in seiner ganzen Glorie repräsentirten und durch aussergewöhnliche Thaten im Bereiche der kleinen für sich geschlossenen Welt seiner Verherrlichung selbst in entfernteren Kreisen Wiederhall weckten. Mit opferfreudigster Begeisterung haben sie ihre zeitlichen Interessen auf den Altar der Brahmaentsprossenen Erfindung niedergelegt und durch Versenken ihrer Seele in eine vom täglichen Bedürfnisse ungetrübte Sphäre die Integrität ihrer Person erhalten, die Charakterbildung veredelt und geweiht durch den reinen Hauch eines ideelleren Strebens sich bis zu wahrhaft ritterlicher Denkungsart erhoben.

Von so begeisterten Verehrern im Orient besungen führte das edle Spiel im Occident seinen treuen fahrenden Ritter aus Syrakus zu nie endenden Triumphzügen, verklärte die ruhmreiche Charakterreinheit eines Philidor, Lewis, Labourdonnais, erweckte im deutschen Geiste das Genie eines Anderssen wie die opferfreudig fruchtbare Thätigkeit eines Heydebrandt v. d. Lasa und fand im fernen Westen seine glorreichste Verklärung in jenem weithin strahlenden Sterne, der jetzt am transatlantischen Schachfirmament aufgegangen. Am Ziele seiner Wanderung um die Welt hat es in dieser glänzenden Erscheinung den Höhepunkt seiner Verherrlichung gewonnen, und sollten alle gerühmten Vorzüge zu einem einzigen Ganzen harmonisch verwebt werden, so würde dieses ein vollendetes Bild des ritterlichen jungen Schachhelden der neuen Welt darstellen.

Es ist nicht allein umfassende theoretische Kenntniss oder der sichere analytische Blick, nicht das kühne Ueberraschen des sonst auf Alles gefassten Gegners durch Blitze, welche über alle Grenzen hinausgehen; es ist nicht die ruhige Haltung und graciöse Steinführung oder das liebenswürdige und von berechtigtem Selbstvertrauen begleitete persönliche Auftreten, — nicht diese einzelnen Eigenschaften für sich allein sind es, welche den hohen Werth des neu erstandenen Meisters vergegenwärtigen. Es ist vielmehr seine ganze durch und durch noble Persönlichkeit in ihrem schwunghaft harmonischen Gesammtwirken, welche ihren Träger zum wahren Ritter des königlichen Spieles und zum vollkommenen Gebieter seines weiten Reiches erhebt. In ihm hat die ritterliche Natur des Spieles ihren vollkommenen persönlichen Ausdruck gefunden, und je stärker gerade sie in objectivem Sinne dem gewöhnlichen Drängen und Treiben der Tageswelt gegenüber betont werden darf, desto gerechtere Bewunderung und Anerkennung gebührt in subjectiver Beziehung ihrem noblen jugendlichen Vertreter. 4)

Wohl wissen wir, dass man häufig den Werth des Schach überschätzt hat, dass ihm nicht selten Verstandesschärfung nachgerühmt und es selbst zur Wissenschaft declarirt worden ist: stets haben wir mit entschiedener Strenge dergleichen grundlose Versuche zurückgewiesen. 5) Dagegen mag die wirklich rühmenswerthe Natur seines Einflusses auf Gesinnung und Denkart nicht hoch genug angeschlagen werden. Denn das, was es eben zum Spiele macht, die Unabhängigkeit seines frei gewählten Objectes von den Interessen der menschlichen Gesellschaft giebt ihm ideellen Charakter und übt wohlthätige Rückwirkung auf unverfälschte Gemüther. 6)

Wird es in solchem Sinne getrieben mit Mass und Bewusstsein, nach dem weisen Spruche Kohelets: „Es giebt eine Zeit zum Spielen, eine Zeit zum Steine-Auflesen, aber auch eine Zeit zum Steine-Wegwerfen“, so wird es mitten im wogenden Meere der materiellen Lebensinteressen ein grünendes Eiland voll frischer labender Quellen für die im täglichen Kampfe des Lebens ermüdende Seele. Und in einer Zeit der Ideenerschlaffung verdient diese höhere Seite des Spieles um so gerechtere Würdigung, je reiner sie gerade durch eine concrete Persönlichkeit in ihrer ganzen ideellen ritterlichen Natur vollendet repräsentirt wird.

Wir sehen die ruhmvollen Kämpfe, die glorreichen Triumphzüge einer früheren für das königliche Spiel so ehrenvollen Periode, da Paolo Boi und seine Gefährten die Welt mit ihrem ritterlichen Rufe erfüllten, in unseren Tagen verjüngt wiedererstehen, und freudige Begeisterung erwacht um so natürlicher, je ferner die materielle Gegenwart der ideelleren Anschauung jener Zeiten entfremdet und je hoffnungsreicher der Glaube an die gerühmten Vorzüge des edlen Spieles zurückgekehrt ist.

Glück und Gruss sei deshalb dem wackeren jungen Schachhelden dargebracht, der gleich seinem ruhmreichen namensverwandten Vorgänger die gesammte Meisterschaft aller Nationen in die Schranken rief und unter lauter Bewunderung von allen Kennern als wahrer Ritter des ritterlichen Spieles, als vollendeter „Chrichton" der Tafelrunde Caissa's gepriesen wird. 7)

Glossarium.

1.

Der Ausdruck des „ritterlichen Spieles" ist schon bei Autoren des Mittelalters die gewöhnliche Bezeichnung für das Schach, so namentlich bei Jacobus de Cessolis (1290) und bei Jacob Mennel, welcher den Titel seines Schachzabels damit beginnt. Aus diesem Werke selbst sei hier folgende Stelle angeführt:

> „Und solt wissen, das nit grössers in diesem ritterlichen spil ist, denn das du die Augen nit in seckel legest."

Im Einklang mit dieser feinen Wendung steht folgende von Aegidius Albertinus in seinem Buche „der Zeitkürzer" von 1603 gegebene ironische Anspielung:

> „Vor Zeiten pflegt man nur diejenigen zu Rittern zu schlagen und zu adeln, welche die tapferste und tugendsamste Thaten begingen und nicht die das meiste Geld haben, wie anjetzo geschieht.“

Unter neueren Schriftstellern heben wir nur Walker hervor, welcher in der Vorrede zu seinem „Treatise“ sagt:

> „Chess a sport without some knowledge of which no man dared call himself of „gentle blood“ in those chivalrous ages, when the bold knight left the battlefield but for the tournay and the chesse, when princes looked over the board and queens were proud to grace the victor.“

2.

In Wits Theatre heisst es:

> „The chesse-play was invented to warne a tyrant to avoide his tirany and by his play to let him unterstand how dangerous the estate of a prince is that dooth not vse his subiects well.“

Jacobus de Cessolis in seinem „liber de moribus hominum et officiis nobilium super ludo scaccorum“ und Jacob Mennel in seinem Schachzabelbuch knüpfen moralische Vorschriften an das Spiel auf Grundlage der Analogie seines Materiales mit Verhältnissen des Lebens. Meister Ingold, ein Priester des Predigerordens, empfiehlt in seiner Abhandlung „dz guldin Spil“ das Schach als Mittel gegen eine der sieben Hauptsünden, die Hoffart.

Jacob de Cessolis aber hat das Schach geradezu zum Stoff seiner Predigten gewählt und war durch die Bitten vieler Brüder und Weltleute bewogen worden, das, was er von dem solatii ludus auseinandergesetzt, für Jedermann niederzuschreiben, offenbar, um die Gedanken, die er hineingelegt, zum Freiheitsbrief für dasselbe zu machen. Die Anzahl der Abschriften und Bearbeitungen, die es erfahren (39 Mss. in der lateinischen Urschrift, 7 in deutscher, 1 in holländischer, 17 in französischer, 10 in italienischer Sprache, wozu an 18 Incunabeln aus allen diesen Sprachen), zeigen am deutlichsten die Liebe, die der Inhalt erfahren hat." (Schachzeitung von 1847, S. 307.)

Die sieben ritterlichen Künste werden in Petri Alfonsi disciplina clericalis folgendermassen aufgezählt:

„Pobitates hae sunt, equitare, natare, sagittare, cestibus certare, aucupari, scacis ludere, versificari."

In ähnlichem Sinne sagt Konrad von Würzburg:

„Birsen, beizen unde jagen
Kunde er wol und treip sin vil.
Schachzabel unde Seitenspil
Daz was sîn kurze wîle,"

Ueber König Arthur, da er als Knabe von 9 Jahren seinem Erzieher übergeben wurde, heisst es mit Beziehung auf diesen:

„— who amonge other thynges dydde teach this noble chylde Arthur the playe of the chesse (Schachzabel) and tables (Wurfzabel), so yt now was in coninge lyk umto hin."

Hugo von Trimberg in seinem Spruchgedichte der Renner sagt:

„Nu ist ein ander spil
des herren pflegen, von dem doch vil
sunden unde schaden komet gerne,
Schachzabel ich ju das spil nenne."

und als Pendant dazu sei noch folgende Stelle im Sivqila von 1580 erwähnt:

„Our rulers, lordes, knights and gentlemen doe use divers times to playe et chesse which whettes their wishes, recreates their minde and hurtes nobody."

3.

Das Schach steht über nationaler Neigung und Eigenschaft. „Es ist den welthistorischen Gang gegangen, der die neue Menschheit aus dem Innern Asiens mit ihrer Sprache über die Erde führte; es ist, bevor die Wissenschaft aus dem verschütteten Alterthum aufgegraben war, von den denkenden Köpfen Europa's ergriffen worden, vor der Buchdruckerkunst und mit dem Aufblühen griechischer Gedanken ergoss es über sich ein Schriftenthum. Italien, die Gärtnerin des wissenschaftlichen Lebens, beschrieb und besang es in mehr als 60 Schriften; England hinderte nicht der Maschinendampf seiner Industrie, diesem uneigennützigen Gedanken mindestens eben so viele Schriften zu widmen; Frankreich hat seinen Philidor und Deutschland, die zweite Heimath des Gedankens und der Gelehrsamkeit, hat auch hier seinen Ruhm nicht verleugnet. Portugal hat seinen Damiano, Spanien zählt unter 10 Autoren einen Lopez; Holland und die Slaven, Skandinavien und die Magyaren finden sich auf diesem grossen Platze gedankenvollen Lebens mindestens durch Einen repräsentirt." (Schachzeitung von 1847, S. 306.)

Auf den ideellen Werth des Schach anderen Spielen gegenüber spielt schon eine alte Sentenz an:

> „Ludus Scaccorum in Ingenio consistit nec committitur viribus Fortunae."

Massmann in seiner Geschichte des Schachspiels ertheilt folgendes Lob:

> „Schachspiel stellt Mann an Mann, bringt Willen an Willen, schärft Geist an Geist, vertheilt, wie im alten Ritterkampfe, gleiche Sonne, Wind, Waffen und Boden getheilt wurden."

In ähnlichem Sinne erwähnt schon das Nibelungenlied der „geteilten spile."

4.

Walker in Bell's Life sagt:

> „We candidly own we consider Mr. Morphy a phenomenon and are delighted to hail in him certainly the finest player since Mc. Donnel and Labourdonnais."

Falkbeer in den Sunday Times spricht sich folgendermassen aus:

> „This is indeed a chessplayer from head to foot. Since Philidor and Labourdonnais we do not remember a similar apparition."

5.

Man vergleiche zur Würdigung der unrichtigen und übertriebenen Ansichten über intellectuellen Werth des Schach vorzüglich „Lehrbuch des Schachspiels“ §. 431—432, sowie die Abhandlungen in der Schachzeitung von 1853, S. 9 ff., 1855 S. 41 ff., 1858 S. 88, endlich Vorrede zur „Kritik der Eröffnungen“ S. VI.

6.

Eine Erörterung dieser Ansicht findet man in der Abhandlung über Tendenzschach, Schachzeitung, Juni 1858, S. 224 ff. Der Verfasser der 95 Sätze gegen das Schachspiel (Herr Magister Portius) sagt im letzten Satze:

> „Das Schachspiel giebt weit mehr Gelegenheit, den Menschen in seiner Würde als Unwürde zu erkennen, indem Schachspieler, in der Regel, gediegene und gewichtige Männer sind. Das ist eine alte Wahrheit, durch alle Schachspielgesellschaften bestätigt. Durchwandle dieselben und du wirst in allen oder doch in den meisten eine Gesellschaft antreffen, die dir hohe Achtung einflösst.“

Von vielen anderen Schriftstellern, welche das Lob des Schachspiels in der gedachten Beziehung gesungen haben, wollen wir nur an Walker erinnern und folgende Stelle aus seinem erwähnten Werke hier anfügen:

> „To praise chess is to paint the lily and to gild the red, red rose. Even as the sordid and mean of soul shrink earthwards on being touched by the sun-like spear of Ithuriel, se does Ches purify from grosser essence that social circle which it permeates: Honour all honour to a game, embodying so many high and noble qualities. Honour to chess!“

7.

Boden im Family Herald bemerkt:

> „We heartily congratulate our chess brethren in America upon the skill and chivalry of their young champion.

Loewenthal in „the Era" giebt folgende Anerkennung:

„There is something exceedingly romantic and chivalrous about this young man's coming over to Europe and throwing down the gauntlet to all our veterans. He is certainly a very Admirable Chrichton of Chess, and like the accomplished Scot he is as courteous and generous as he is brave and skilful.

Zweites Kapitel.

Paolo Boi und Paul Morphy.

Vor dreihundert Jahren lebte im Val di Noto ein Mann aus dem edlen Geschlecht der Boi di Noto, ein tapferer, strenger und frommer Herr. Schon bei Seminara, unter Fernando de Andrada, hatte er seine Sporen verdient und dann an der Seite des grossen Gonsalvo bei Garigliano gefochten. Später zog er sich, nach Verlust eines Armes, zurück auf sein Gut am Bächlein Cyäne, jetzt la Pisma genannt, wo er Paolo, seinen einzigen Sohn, in der Furcht Gottes erzog. 1)

Von diesem Knaben hatte eine Zigana geweissagt, er werde mit Königen kämpfen und über Könige siegen, ja über den Teufel. Nicht die Erfüllung, nur ihre Möglichkeit wurde erwogen, und in dem Glauben, Paolo müsse Pabst und Heiliger werden, ward er für's Kloster bestimmt. Paolo selbst machte ganz andere Pläne.

Ein starker Knabe von lebhaftem Wesen mit wunderbarem Gedächtniss und reger Phantasie, konnte er nirgends Ruhe finden und liess die Gedanken weit umherschweifen, über das heilige Buch und das Rebengeländer hinab in das reiche Thal der la Pisma bis zu ihrer Mündung in den Anapus und noch weiter bis hin zum Meere, ja über das Meer in alle Länder der Welt.

Bald lag er grübelnd im Dickicht der hohen Papyrusstauden und träumte von den Pyramiden am Nil; er verfolgte im Geiste dessen Quellen bis zum Mohrenland, hoffend, dort den zu besiegenden wenn auch schwarzen König zu finden, und von da bis zur Hölle wäre gewiss nur ein Schritt. Bald stand er in der Stadt Siragosa, wo der Vater ein Haus hatte, auf der meerumschlossenen Ortygia, am süssen Quell Alpheus, den sie nun Occhio della Zillica nennen, und es schien ihm die Flucht aus jedem Kloster ein Spiel, denn dies Wasser führte ihn ja unter dem Meere bis nach Griechenland hin. So reifte Paolo zum Jüngling heran.

„Wenn der Junge nur still sässe", dachte der Vater und glaubte endlich im Schach, welches damals, besonders in Sicilien, in hohen Ehren stand, das rechte Mittel gefunden zu haben. Paolo sass nun stunden-, ja tagelang still, und der Vater glaubte am Ziele zu sein. Er war auch am Ziele, aber an dem des menschlichen Lebens, und bald nach dem ersten Schmerze über den Verlust des Vaters prüfte der junge Adler die Schwingen.

In Siragosa und ganz Sicilien fand er keinen würdigen Gegner mehr, obwohl in Palermo zwei treffliche Spieler, Arimini und Branci, lebten, auch Don Matteo li Genchi aus Termino Weltruf hatte.

Er richtete daher seine Blicke nach Spanien, wo Rui Lopez bei Philipp in hohen Ehren stand, suchte jedoch zunächst in Italien den Sieger jenes Meisters, Leonardo da Cutri, il Puttino genannt, und fand ihn damals noch gleich stark. Beide wurden von da ab das Licht und der Glanz des edlen Spieles genannt. 2)

Paolo aber zog in ferne Länder und wurde bis Ungarn und zu den Türken verschlagen, mit denen er reitend aus dem Gedächtniss spielte. Denn die Türken, damals mobiler als jetzt, waren gleich den Arabern grosse Meister im Schach, und es gab manchen Pascha, der sein goldenes Reisebrett mit eingeschobenen Diamantsteinen am Sattelknopf führte. Unter ihnen nahm es unser Syrakusaner zu gleicher Zeit mit mehreren Gegnern auf; er war der erste, welcher ohne Ansicht des Brettes drei Spiele leitete und zugleich mit Anderen das Gespräch über die verschiedensten Gegenstände geistvoll unterhielt.

In Frankreich wurde er von Catharina von Medicis, welche auch im Schachspiele Meisterin war, mit Gnadenbeweisen überhäuft, und in Portugal ward ihm die Gegnerschaft des jungen Königs Don Sebastian zu Theil, welcher bald darauf in Afrika mit seinem ganzen Heere den Tod fand.

Von Lisboa ging Paolo nach Madrid, schlug den Zerone wie den Lopez, und obschon die Spanier, welche vorzüglich Zerone's Schachwerk rühmten, keinen Unterschied machen wollten, so gab doch König Philipp selbst den Ausschlag. Er räumte dem Syrakusaner nicht nur vor jenen Meistern, sondern auch vor vielen stolzen Rittern des spanischen Hofes den Rang ein.

In Portugal hatte Paolo an einem Tage 8000 Scudi gewonnen; trotzdem spielte er nie aus Interesse am Gewinn, er war von Hause aus reich, ein steter Wanderer, und so lehnte er auch in Madrid ein ihm angetragenes Amt ab. 3) Aber ein Ehrenamt hätte er vom mächtigsten Herrscher der Erde, in dessen Staaten die Sonne nie unterging, wohl annehmen können, und auf ein solches deutet der eigenhändige Brief hin, den der sonst so stolze Philipp im Jahre 1575 dem Syrakusaner an Don Juan d'Austria gab. 4)

Gleichwohl lieferte Paolo dieses Schreiben nicht ab, ging vielmehr nach Sicilien zurück und wanderte dort von Stadt zu Stadt von Villa zu Villa, theils zu eigenem Vergnügen, theils dem Schach zu Gefallen. Vergebens aber suchte er nach ebenbürtigen Gegnern. Am nächsten stand ihm Horatio Paterno, Baron del Biscari, Anderen musste er vorgeben, wie Don Blasco Isfar, Baron di Siculiana, ferner Antonio Luparello von Caltagirone, und Giovanni Philipp di Augusta. Ausser diesen werden noch viele tüchtige Meister aus jener Zeit namhaft gemacht, die aber alle dem Syrakusaner nicht gewachsen waren.

Eines Abends erschien bei Paolo ein Fremder, forderte zum Spiele auf und schlug ihn, wie später Paolo bei wiederholter Durchsicht der Partie deutlich erkannte, nur durch Anwendung geheimer Künste. Schnell entschlossen brach er sofort auf, dem Fremden nach, bis Venedig, wo er Stadt und Senat in Alarm fand, da jener Fremde als Don Sebastian, der von Afrika zurückgekehrt sei, sich ausgegeben hatte, und der Krieg an Parma wie an das Haus Braganza erklärt war. Auch auf des Syrakusaners Recognition hatte sich der Abenteurer berufen; dieser aber, eine gewisse Aehnlichkeit zugebend, verlangte zuvor eine Partie Schach, und gerüstet durch einen geweihten Rosenkranz, gestärkt durch die heiligen Sacramente, stürzte er sich in die Schlacht, die diesmal keinen Augenblick zweifelhaft blieb. Wüthend sprang der falsche Sebastian auf, stürzte fort, denn die Künste des Teufels waren paralysirt, der Betrüger aber entlarvt und die Verheissung der Zigeunerin in Erfüllung gegangen.

Paolo Boi erreichte ein hohes glückliches Alter. Er trieb nicht nur den Puttino zu Paaren, sondern fand auch so lang er noch lebte, in allen Ländern der Welt keinen Stärkern mehr, er führte ausschliesslich das Scepter des Schachreichs.

Schon war sein Haar ganz weiss, aber sein Körper und sein Geist blieben stark und kräftig; auch kleidete er sich noch immer höchst modern wie ein junger Mann und hatte manche Eigenthümlichkeiten, vor Allem aber viele noble Eigenschaften. Bescheiden, freigebig, wohnte er täglich der Messe bei, nahm häufig das Abendmahl und gab jederzeit den Priestern. Seine Figur war gut proportionirt, sein Aussehen schön und lebendig, in der Unterhaltung war er lebhaft, anregend und gegen Jedermann heiter und gesprächig. 5) Seine Wanderlust blieb ungesättigt und ward auch gewissermassen Veranlassung des Todes. Die Prinzessin Stigliano und deren Vater, welche ihn Beide sehr schätzten, hatten ihn nach Neapel eingeladen. Dort erkältete er sich auf einer Jagd und starb im siebenzigsten Jahre. Sein Körper wurde feierlich in der Kirche des heiligen Francesco di Paola beigesetzt, der Prinz von Stigliano und viele vornehme Neapolitaner folgten der Leiche. —

So lebte und starb Paolo Boi der Syrakusaner, der Europäische Ritter des edlen Spieles.

Weniger bewegt und romantisch, aber durchaus nicht minder thatenreich und ritterlich erscheint der bisherige kurze Lebenswandel des modernen Paolo, des transatlantischen Ritters unseres edlen Spieles, Paul Morphy. Zwar hat er noch nicht allen bedeutenden Meistern von Weltruf sich stellen können, aber ihre Anzahl hat sich in unseren Tagen unverhältnissmässig erweitert; auch war sein Vorgänger nur an eine Hemisphäre gewiesen, er aber hat den Ocean durchkreuzt, um die Matadore einer anderen herauszufordern, und obschon ihm, den Zeitverhältnissen zufolge, fürstliche Gegnerschaft versagt bleiben sollte, so hat er doch, was in diesem Jahrhundert weit mehr sagen will, kaum an der Grenze der Grossjährigkeit, bereits alt erprobte, ruhmgekrönte Magnaten geschlagen.

Mit kühnem aber gerechtem Selbstvertrauen konnte er in Frage stellen, ob die alte oder neue Welt im ritterlichen Spiele voranstehe, und nicht beirrt durch ungewohnte Eindrücke fremder Nationen und Sitten hat er rüstig zur praktischen Lösung den Weg angetreten. Gleich dem Syrakusaner sollte er keinen Stärkeren finden, der wirklich ebenbürtigen Gegner nur wenige, gleich Paolo Boi wird er fortan in der weiteren Heimath das unbestrittene Schachscepter dauernd fortführen. 6)

Erscheint seine Lebensgeschichte einfacher und nüchterner, so ist nicht Person, sondern Zeit und Sache Quelle des Grundes. Denn die schwunghafte Beweglichkeit und heitere Liebenswürdigkeit jener stellt ihn an Ritterlichkeit zum Mindesten dem Vorgänger gleich, und der bedeutende Fortschritt unserer Zeit in Theorie wie Praxis, welcher vor Allem eifriges Studium der Reception gebietet, erhebt ihn um so höher, je staunenswerther für das jugendliche Alter die genaue Kenntniss des gesammten theoretischen Apparates, des unermesslichen Schatzes von Erfahrungen mehrerer Jahrhunderte dem Eingeweihten sich darstellt.

Natürliches Talent und angebornes Genie, begünstigt durch glückliche Nebenumstände, haben auch ihn wie den Syrakusaner zuerst geleitet, und gleich seinem Vorgänger erhielt er aus wohlmeinendsten Händen, vom eignen Vater, die erste Unterweisung, gleich Paolo Boi wurde ihm der erste Fortschritt so leicht, dass bald die tüchtigeren Gegner der engeren Heimath nicht mehr Stand hielten.

Wie frohe glückliche Träume mögen den zwölfjährigen Knaben, da er den ersten Unterricht in der Jefferson-Akademie zu New Orleans erhielt, mitten unter den Schulstudien überrascht haben, wenn er den bekannten Meister Eugene Rousseau am Tage zuvor geschlagen oder gegen den Oheim Mr. Ernest Morphy siegreich gewesen war. Und wie ahnungsvolle Gedanken künftiger Triumphe mochten ihn beseelen, als er den grossen Löwenthal bei dessen Durchreise durch seine Vaterstadt im Frühling des Jahres 1850 wiederholt überwunden hatte!

Dann aber folgt eine Zeit eifriger Studien, rastloser Aneignung aller vorhandenen analytischen Untersuchungen, während er das St. Josephs-Colleg seit dem Anfang des Jahres 1851 besuchte, bis er endlich im vorigen Jahre auf dem grossen Congress zu New York jene Anstrengungen vor einem grösseren Kreise praktisch verwerthen und dadurch den Grund seines hohen Rufes legen sollte.

Wir werden seine Siegeslaufbahn von dieser Zeit an in den folgenden Schilderungen speciell verfolgen, von seinen Thaten in New York und in New Orleans berichten und ihn auf seiner grossen Schachfahrt über den Ocean und durch das britische Inselreich bis zum Continente begleiten. Zum Schluss wollen wir dann eine ausführliche Darstellung seiner eigenthümlichen Spielweise so wie ihres Einflusses auf theoretische Fortbildung des Spieles anfügen und sie wie die früheren Schilderungen durch fortlaufende Begleitung von wirklichen Partien des Meisters beleuchten.

In persönlicher Beziehung bietet die kaum begonnene Lebensbahn des jungen Mannes nur dürftige Notizen: er selbst hat von sich geäussert, dass zum Gegenstande einer Biographie sein bisheriges Leben zu kurz sei, ja in dem einen Satze sich zusammenfassen lasse: „Schach erlernt im Alter von zehn und auf dem Turnier gespielt im Alter von zwanzig Jahren.“ 7)

Geboren am 22. Juni 1837 in Louisiana stammt er von Seiten des Vaters aus einer spanischen und mütterlicherseits aus einer ursprünglich französischen Familie. Nicht ohne Sinn liesse sich hieraus die seltene Vereinigung von französischer Lebhaftigkeit und spanischer Grazie in seinem Wesen erklären. Wer wollte die höchste Lebendigkeit in seinem Spiele selbst verkennen, und andererseits loben alle Augenzeugen nicht nur elegante persönliche Haltung und gracieuse Steinführung, sondern auch stete Selbstbeherrschung wie Ruhe in schwierigsten Lagen und bei überraschendsten Wendungen. Nach erstrittenem Siege aber belebt sich plötzlich seine ganze Erscheinung, und während die blitzenden Augen auf dem Brette umherschweifen, deckt die gemachten Fehler ein rascher Redefluss auf, begleitet von rapider Bewegung der Stücke zur Herstellung der gerügten Positionen. 8)

Klein und unscheinbar von Statur, sowie von dunklem Teint, verräth er ein aussergewöhnliches Wesen nur dem Tieferblickenden durch das leuchtende Auge, die freie Stirn und persönlich liebenswürdige Haltung. Von Charakter durchaus harmlos, auch von wahrhaft nobler und im klassischem Sinne des Wortes durchweg liberaler Denkungsart besitzt er zugleich jenen echten ritterlichen Stolz, welcher in sittlichem Selbstbewusstsein wurzelnd der eigenen Würde und Selbstachtung nichts vergibt, dabei aber als gerades Gegentheil hoffärtiger Gesinnung mit grösster Bescheidenheit vollkommen harmonirt. Wohl mag diese reine und schöne persönliche Integrität durch die Liebe zum ritterlichen Spiele nicht nur erhalten, sondern zu noch immer höherer Vollendung gefördert sein.

Den ersten Schachunterricht erhielt er im Alter von zehn Jahren durch den Vater, und nach anderthalb Jahren schlug er diesen nicht nur, sondern auch den stärkeren Bruder des

Vaters, Mr. Ernest Morphy, vollkommen. Auch von den mit Eugene Rosseau in den Jahren 1849 und 1850 gespielten vielen Partien gewann er die weit überwiegende Mehrzahl, und von drei Spielen mit Löwenthal konnte dieser nur eines remis halten. Während seines Aufenthaltes in Spring Hill bei Mobile in Alabama, wo er das St. Josephs-Colleg bis zum Jahre 1854 besuchte, hat er auch gegen die starken Spieler James Mc. Connel und den Richter des Ortes (Judge) A. B. Meek mit bedeutend überwiegendem Vortheil gekämpft. Später widmete er sich dem Studium der Rechtswissenschaft und während dieser Vorbereitung zum künftigen praktischen Berufe eines Rechtsanwalts wurde er durch das Ausschreiben des grossen Congresses im vorigen Herbste zum Turnier nach New York gerufen und dort von seinem Genie bis zum höchsten Siegespreise geleitet. 9)

Mit diesem Triumphe scheint ihm das volle Bewusstsein der eigenen Stärke gekommen zu sein und der Wunsch nach gleichen Erfolgen wie gleichem Rufe in der alten Welt. Unbekümmert um Entfernung und fremde Sitten, ist er kühn die Meere durchzogen, voll gerechten Selbstvertrauens in unbekannte Schachgenossenschaften getreten und hat mit ritterlichem Sinne auf ritterliche Begegnung bauend, gleich seinem Vorgänger Paolo, durch siegreiche Kämpfe mit gefürchteten Matadoren den Weltruf sicher gegründet. 10)

So schmückt denn ihn wie keinen Andern die ritterliche Tugend des italienischen Meisters, und wir dürfen der Wahrheit zur Ehre die folgende Parallele ohne Zögern anerkennen:

The two Pauls.

The first Paul took his course, three hundred years agone,
Across the sea to meet the sturdy Knights of Spain;

In mental arms arrayed, with true chess armor on,
A score of haughty foemen by his brave hand were slain.

The second Paul o'er ocean's thousand leagues has sailed
To joust with the chieftains of all the Eastern world;
History shall tell what bold foes before him paled
And how from lofty thrones the Kings of Chess be hurled.

Glossarium.

1.

Die folgende Skizze über Paolo Boi ist nach einer grösseren Abhandlung, welche Herr v. Oppen in der Schachzeitung von 1848, S. 433 ff. mitgetheilt hat, zusammengestellt; die Belege sind aus Pietro Carrera's Lehrbuch entnommen.

2.

Leonardo da Cutri, welcher (gleich Paul Morphy) schon in frühem Alter als kleiner Knabe im Schachspiel sich auszeichnete, erhielt daher den Beinamen il Puttino, d. i. der Kleine. Später nach seinem Siege über Lopez vor dem Könige Philipp wurde er von diesem il Cavaliere errante genannt.

Ueber die ehrenvollen Prädikate Licht und Glanz (Light and Lustre im Englischen und lumi e splendori im Italienischen), welche von Salvio herrühren sollen, berichtet Pietro Carrera (in seinem il giouco degli Scacchi zu Militello 1617, S. 99) folgendermassen:

> „Pria che andasse in Jspagna trascorse tutta Italia in contrandosi co' maggiori professori del giuoco fra quali vienne à zuffa col Puttino gambi si conoblero pari percio son chiamati dal Saluio lumi e splendori della professione degli Scacchi."

3.

Wir berufen uns auch hier auf Pietro Carrera, welcher folgende Schilderung giebt:

„Paolo Boi Siciliano, della citte di Siracusa detto il Siracusano, nacque in Siracusa di honoratissima famiglia e ricca. — Fu caro à molti Principi Italiani e specialmente al Duca di Urbino ad alcuni Cardinali anzi al Pontefice istesso Pio V. il qualo gli haurebbe dato un grosso beneficio purche egli si fosse vestito da Chierico; ci per vivere à gusto de suoi humori non volle ubligarsi a questo."

4.

Der hier gedachte Brief von Philipp II. lautet wörtlich im Originale:

„Illustrissimo Don Juan de Austria mi muy caro y my amado hermano, nuestro Capitan General de la Mar, de la persona y serviçios de Pablo Boi Siracusano que esta os dara, se me ha hecho muy buena relaçion y que agora va con desseo de continuarlos cerca de vuestra persona, y assi os he querido escrivir y rogaros, y encargaros mucho, como lo hago, le tengais por muy encomendado para favreçerlo y emplearle en las occasiones, que se offreçieren de mi serviçio, que en ello recibire de vos particular contentamiento, y sea Illustrissimo Don Juan mi muy caro y mui amado hermano nuestro Capitan General de la Mar nuestro Senor en vuestra continua guurda.

De Madrid a XXII de Agosto 1575.

Vuestro buen hermano

JO EL REY,

Ant. Perez.

5.

Pietro Carrera im il gioco degli scacchi giebt folgende Originalschilderung:

„Jo nella mia giouentù ritrouandorni nella Città di Palermo nell' anno 1597, conobbi lui tutto imbianchito, ma di gagliarda complessione, e di più gagliardo ceruello, perciochè vestinà da giouane molto attillatamente e haveva capricci da giouane; non dimeno egli fù ornato di ottime qualità, percioché fu castissimo, e modestissimo, no volle mai moglie, fu splendido, e magnifico oltre modo, faceua spesse, e larghe limosine, vedeua Messa ogni giorno di continouo dando sempre la limosina al Sacerdote, che haueua celebrato, chiunque egli si fosse; si confessaue, e communicaua allo spesso, fù amantissimo de' Religiosi; non soffri, che nessun pittore il ritrahesse e alcuni ritratti di lui, che hoggidi vi sono, fur fatti alla sfuggita senza ch'egli il sapesse. Egli fu di statura più che commune, ma proportionata, di bella faccia, e vivace fù facondo nel vagionare, allegro, e affabile con ciascheduno."

6.

Man vergleiche folgende Darstellung im Septemberstück der Amerikanischen Monatsschrift:

„When Paolo Boi in the sixteenth century wandered from Italy to encounter Ruy Lopez und Xerone in the grand Tournament at Madrid. he was merely obliged to pass over a small portion of an inland sea. But Paul Morphy has sailed across an ocean in search of unconquered foemen. When the eyes of the chess-world were turned to the mat ches between Labourdonnais and Mac Donnel and between Staunton and St. Amant, the contest was only between two nations. Now the battle is between two continents. The question is wether the old world shall yield the sceptre to the new, whether the throne of that royal game which originated in the extremest orient shall now be established in the extremest occident. The youthful years and little previous practice of the American champion, the ripe age and large experience of his competitors, the high cultivation to which chess has attained everywhere in Europe during the last few years, and the general enthusiasm which has been so lately aroused in this country: all conspire to give additional brilliancy to the transatlantic tour of Paul Morphy. While we confess that our sympathies, as is natural, are with our countryman, we cannot avoid noticing with sentiments of pleasure and words of praise the generous courtesy and gentlemanly kindness which he has thus far met at the hands of our European brethren.

7.

In Frank Leslie's News Paper vom 31. Oktober v. J. heisst es: „Mr. Morphy states that he is too young a man to have any history and that his Chess career may be fully desribed as follows: Learned Chess at ten, played in the Tournament at twenty. His father taught him the moves of the game at ten years of age and within eighteen months the boy could beat him as also his unde, the well-known amateur Ernest Morphy. The celebrated Herr Loewenthal came to New Orleans in 1850; Paul then only thirteen played three games with him winning two and drawing a third. Mr. Rousseau the opponent of Mr. C. H. Stanley, also succumbed to his prowess and we can safely say that Paul Morphy has never yet met any man whom he did not appear to have a perfect facility in checkmating. He is considered by the leading players in the Congress to be the most brilliant and successful amateur living and as he proposes shortly to visit Europe we fully expect to hear of his beating all the great Chess magnates there as he has done those of the New World.“

8.

„Mr. Morphy is a most fascinating player for those looking on and there is always a crowd around his board whenever he is en lutte with an opponent. His attention is not by any means riveted on the game and he makes his moves with a speed approaching rapidity. Knights are thrown away and bishops sacrificed apparently in oversight, rooks are exchanged against pawns, queens left carelessly en prise, but the young general has certain victory in his eye; and when his antagonist perchance thinks, he can at last win one game from this redoutable young genius of the South, Morphy quietly suggests that mate may be given in five, six or seven moves. Then begins an analysis of the game, the loser explaining to the bystander, why it was he failed to come off a winner, invariably appealing to Mr. Morphy for endorsement who as invariably coincides with his questioner It has now come to this: nearly every member of the congress endeavours to make the game a draw, being more satisfied at such a result with this young hero than with winning from others.

9.

Mr. Samuel Warren, in his „Introduction to the Study of the Law“ strongly recommends chess as a most desirable recreation for those who are training for legal honours. He regards it as involving much wholesome mental discipline, temper, vigilance, rapid and long-sighted combi nations, all being in requisition. Indeed, it is difficult to conceive a game more commendable on these grounds. — (Vgl. Schachzeitung von 1849, S. 347.)

10.

So sagt Loewenthal in the Era:

„We have great pleasure in announcing that Mr. Morphy has arrived in London and has met with a most enthusiastic reception from the members of the St. George's club, where he paid a visit last Wednesday and played several excellent games. The prompt visit of this great player to England betokens his great anxiety to give the players of Europe an opportunity of encountering him. His powers as a chess player have not at any degree been exaggerated. The quickness with which he forms and carries out his combinations is truely surprising. He possesses also an other important quality, that of perfect coolness and selfpossession. "

Drittes Kapitel.

Partien aus der ersten Jugendzeit des Meisters.

---

1. Partie.

Gegen Mr. Eugene Rousseau.

Gespielt zu New Orleans, 7. Mai 1850.

(Gegengambit im Königsspringerspiel.)

	P. M. Weiss.	Mr. E. R. Schwarz.
1.	e2 — e4	e7 — e5
2.	S g1 — f3	S b8 — c6
3.	L f1 — c4	f7 — f5

Die Theorie erachtet dies Gegengambit für gefährlich und empfiehlt statt dessen die Entwicklung des Königslaufers L f8 — c5 Der positive Grund jenes Urtheils liegt in vorzeiliger Oeffnung des Königflügels, deren nachtheilige Folge sich bald in Hemmung der Rochade herausstellt.

4.	d2 — d3	S g8 — f6

Auch der Doppelschritt dieses Bauern bietet eine günstige Fortsetzung und wird von der Theorie dem hier gewählten Einschritt noch vorgezogen.

5.	0 — 0	d7 — d6

Man sieht, wie Schwarz nach seinem dritten Zuge in der Entwicklung der Königsseite zurückgeblieben ist und dem Gegner die Ausführung des nun folgenden entscheidenden Angriffes gestatten muss.

6.	S f3 — g5	d6 — d5
7.	e4 — d5:	S f6 — d5:
8.	S b1 — c3	S c6 — e7
9.	D d1 — f3	c7 — c6

Schw.

W.

In dieser Position bietet sich Weiss eine schöne Combination dar, welche aber zur Ueberzeugung von ihrer Solidität eine weite Rechnung auf viele Züge voraussetzt und daher vom tiefen Blick des jugendlichen Meisters deutliches Zeugniss giebt.

10. Sc3 — e4 f5 — e4:

Die Begründung dieses Opfers erfordert nicht allein Voraussicht der nach fünf Zügen sich einstellenden Möglichkeit, den Königsthurm zu erobern, sondern auch deutliche Vorstellung von der dann eingetretenen, für Schwarz so nachtheiligen Position, dass der Springer auf h8 gehalten werden kann und sogar zur Entscheidung des Spieles wesentlich beiträgt.

11. Df3 — f7† Ke8 — d7

	Weiss.	Schwarz.
12.	Df7 — e6†	Kd7 — c7
13.	De6 — e5†	Dd8 — d6
14.	De5 — d6†	Kc7 — d6:
15.	Sg5 — f7†	Kd6 — e6
16.	Sf7 — h8:	e4 — d3:
17.	c2 — d3:	Ke6 — f6
18.	b2 — b4	Lc8 — e6
19.	Tf1 — e1	Le6 — g8
20.	Lc1 — b2†	Kf6 — g5
21.	Te1 — e5†	Kg5 — h6

Man sieht, dass beim Zwischensetzen des Springers Weiss durch Ta1 — e1 entscheidendes Positionsübergewicht erhält.

22. Lb2 — c1† g7 — g5

23. Te5 — g5: und Weiss gewinnt.

---

2. Partie.

Gegen J. Loewenthal.

Gespielt zu New Orleans, 25. Mai 1850.

(Sicilianische Eröffnung.)

	P. M. Weiss.	J. Loewenthal. Schwarz.
1.	e2 — e4	c7 — c5
2.	f2 — f4	e7 — e6
3.	Sg1 — f3	d7 — d5
4.	e4 — d5:	e6 — d5:
5.	d2 — d4	Lc8 — g4

In diesem Zuge von Schwarz liegt der erste Keim zu den späteren Bedrängnissen seiner Stellung. Er befördert die Entwicklung der feindlichen Königsseite und giebt durch den nachfolgenden Abtausch dem Königslaufer der weissen Partei eine bedrohliche Richtung gegen die schwachen Punkte d5 und b7.

6.	Lf1 — e2	Lg4 — f3:
7.	Le2 — f3:	Sg8 — f6
8.	0 — 0	Lf8 — e7

Man bemerke das Streben nach rapider Entwicklung, welches bereits in diesen wie in den nächstfolgenden Zügen der anziehenden Partei hervortritt und von dem Talente des jungen Genies für richtige Behandlung des Spieles lebendigen Beweis liefert. Wohlweislich wird der Bauer d4 nicht durch c2—c3 gedeckt, sondern jene consequente Figurenentwicklung vorgezogen.

Für Schwarz wäre aber die Spielweise 8. c5—d4: nebst 9. Sb8—c6 auf 9. Dd1—d4: empfehlenswerther, und man sieht offenbar, wie er die Kraft seines jugendlichen Gegners unterschätzt. Vorzüglich beweist dies der 25. Zug von Schwarz, sowie die voreilige Attake im 17. und 38. Zuge.

9. Lc1 — e3 c5 — d4:
10. Le3 — d4: 0 — 0
11. Sb1 — c3 Sb8 — c6
12. Ld4 — f6: Le7 — f6:

Jetzt entspinnt sich eine interessante Verwicklung, welche schliesslich Weiss zu der im 17. Zuge beginnenden Angriffscombination Gelegenheit und abermals von dem weiten Positionsblicke des jugendlichen Meisters deutliches Zeugniss giebt.

13. Sc3 — d5: Lf6 — b2:
14. Ta1 — b1 Lb2 — d4†
15. Kg1 — h1 Ta8 — b8
16. c2 — c3 Ld4 — c5
17. f4 — f5 Dd8 — h4

Das Vordringen dieses Bauern ist charakteristisch für die Spielweise des Meisters, dessen vorzügliche Kunst in eleganter Einleitung der Officierangriffe durch vorrückende Bauern besteht.

Schwarz büsst durch seinen Damenzug ein wesentliches Tempo ein, welcher Verlust von seinem genialen Gegner mit höchster Consequenz ausgebeutet wird. Man vergleiche den Schluss der Note zum 8. Zuge.

18. g2 — g3 Dh4 — g5
19. f5 — f6 Sc6 — e5
20. f6 — g7: Tf8 — d8
21. Lf3 — e4 Dg5 — g7:
22. Dd1 — h5 Td8 — d6
23. Le4 — h7† Kg8 — f8

Eine treffliche Combination, welche den durch alle noch so schwierigen Verwicklungen sicher hindurchleitenden Positionsblick vollkommen bestätigt.

24. Lh7 — e4 Td6 — h6
25. Dh5 — f5 Dg7 — g3:

Dadurch wird den weissen Thürmen eine entscheidende Angriffslinie geöffnet. Man vergleiche hier wieder die Bemerkung zum 8. Zuge von Schwarz.

26. Tb1 — b2 Tb8 — e8
27. Sd5 — f6 Te8 — e6
28. Tb2 — g2 Dg3 — g2†

Schwarz hat keine andere Wahl, um dem mit 29. Tg2—g8 drohenden Ruin zu entgehen, und der Fehler im 25. Zuge rächt sich jetzt unerbittlich.

29. Le4 — g2: Th6 — f6:
30. Df5 — f6: Te6 — f6:

Diese unaufhaltsame kräftige Entscheidung bietet nebst dem nun consequent herbeigeführten Schluss ein glänzendes Beispiel energischer Verfolgung des gewonnenen Vortheils.

	Weiss.	Schwarz.
31.	Tf1 — f6:	Se5 — g4
32.	Tf6 — f5	b7 — b6
33.	Lg2 — d5	Sg4 — h6
34.	Tf5 — f6	Kf8 — g7
35.	Tf6 — c6	a7 — a5
36.	Tc6 — c7	Kg7 — g6
37.	Kh1 — g2	f7 — f6
38.	Kg2 — f3	Sh6 — f5
39.	Ld5 — e4	Kg6 — g5
40.	Le4 — f5:	Kg5 — f5:
41.	h2 — h4	Kf5 — g6
42.	Tc7 — c6	Kg6 — h5
43.	Kf3 — g3	f6 — f5
44.	Tc6 — f6	f5 — f4†
45.	Kg3 — f4:	Lc5 — f2
46.	Kf4 — e4	Lf2 — c5
47.	Tf6 — f5†	Kh5 — h4
48.	Tf5 — c5:	b6 — c5:

Die gerühmte Energie erreicht hier ihren Höhepunkt und lässt das bereits in jener frühen Entwicklungsperiode des Meisters seiner vollendeten Ausbildung zustrebende Talent erkennen.

49. Ke4 — d5 und Weiss gewinnt.

---

3. Partie.

Gegen Mc. Connel.

(Französische Eröffnung.)

	Mc. Connel. Weiss.	P. M. Schwarz,
1.	e2 — e4	e7 — e6
2.	d2 — d4	d7 — d5
3.	e4 — e5	c7 — c5

Der von der Theorie, welche hier 3. e4 — d5: empfiehlt, über das frühzeitige Vorrücken des Königsbauers in dieser Eröffnung streng begründete Tadel findet in diesem Spiele consequente praktische Widerlegung. Man erkennt hieraus deutlich, wie heimisch bereits im frühesten Alter der Meister auf dem Gebiete des theoretischen Wissens sich zeigt und wie vollendet er dessen Grundsätze zur praktischen Verwerthung zu bringen versteht.

	Weiss.	Schwarz.
4.	c2 — c3	Sb8 — c6
5.	f2 — f4	Dd8 — b6
6.	Sg1 — f3	Lc8 — d7
7.	a2 — a3	Sg8 — h6
8.	b2 — b4	c5 — d4:
9.	c3 — d4:	Ta8 — c8

	Weiss.	Schwarz.
10.	Lc1 — b2	Sh6 — f5
11.	Dd1 — d3	Lf8 — b4†
12.	a3 — b4:	Sc6 — b4:
13.	Dd3 — d2	Tc8 — c2
14.	Dd2 — d1	Sf5 — e3

Weiss giebt die Partie auf.

---

4. Partie.

Gegen Judge A. B. Meek.

(Schottisches Gambit.)

	A. B. Meek. Weiss.	P. M. Schwarz.
1.	e2 — e4	e7 — e5
2.	Sg1 — f3	Sb8 — c6
3.	d2 — d4	e5 — d4:
4.	Lf1 — c4	Lf8 — c5
5.	Sf3 — g5	Sg8 — h6
6.	Sg5 — f7:	Sh6 — f7:
7.	Lc4 — f7†	Ke8 — f7:
8.	Dd1 — h5†	g7 — g6
9.	Dh5 — c5:	d7 — d6

Die Theorie zieht gegenwärtig den Doppelschritt d7 - d5, welcher Zug aber damals noch nicht bekannt war, vor.

10.	Dc5 — b5	Th8 — e8

Dieser und der nächstfolgende schwache Zug der weissen Partei wird von ihrer Gegenpartei in ebenso energischem wie brillantem Stile consequent ausgebeutet.

Weiss hätte jetzt rochiren und dann mit Lc1—g5 nebst Sb1—d2 seinerseits den Angriff aufnehmen sollen.

11.	Db5 — b3†	d6 — d5
12.	f2 — f3	Sc6 — a5
13.	Db3 — d3	d5 — e4:
14.	f3 — e4:	Dd8 — h4†
15.	g2 — g3	Te8 — e4†
16.	Ke1 — f2	Dh4 — e7
17.	Sb1 — d2	Te4 — e3

Die nun folgende hartnäckige Verfolgung der Dame, um ihre Wirksamkeit auf den Punkt e2 abzulenken, zeigt die gerühmte Consequenz in hellstem Lichte.

18.	Dd3 — b5	c7 — c6
19.	Db5 — f1	Lc8 — h3
20.	Df1 — d1	Ta8 — f8
21.	Sd2 — f3	Kf7 — e8

Weiss giebt die Partie auf.

---

5. Partie.

Gegen Judge A. B. Meek.

(Gewöhnliches Springergambit.)

	P. M. Weiss.	A. B. Meek. Schwarz.
1.	e2 — e4	e7 — e5
2.	f2 — f4	e5 — f4:
3.	Sg1 — f3	g7 — g5
4.	Lf1 — c4	Lf8 — g7
5.	h2 — h4	g5 — g4

Dieses fehlerhafte Vorgehen des Bauern, statt dessen h7 — h6 geschehen musste, giebt dem Meister zur Durchführung eines schnellen Gambitangriffes in seinem gewohnten glänzenden Stile Gelegenheit,

	Weiss.	Schwarz.
6.	Sf3 — g5	Sg8 — h6
7.	d2 — d4	f7 — f6
8.	Lc1 — f4:	f6 — g5:
9.	Lf4 — g5:	Lg7 — f6
10.	Dd1 — d2	Lf6 — g5:

Man sieht, dass bei 10. Lg5 — h6: Weiss durch Lf6 — h4† den Angriff verliert, dessen stete Behauptung die Seele der genialen Spielweise unsers Meisters bildet.

	Weiss.	Schwarz.
11.	h4 — g5:	Sh6 — f7
12.	Lc4 — f7†	Ke8 — f7:
13.	Dd2 — f4†	Kf7 — g8

Es ist deutlich, dass die Dame das Schach wegen 14. g5 — g6† nicht decken darf.

Man merke nun auf die folgende höchst consequente Ausbeutung des gewonnenen Positionsvortheils.

	Weiss.	Schwarz.
14.	0 — 0	Dd8 — e7
15.	Sb1 — c3	c7 — c6
16.	Ta1 — e1	d7 — d6
17.	Sc3 — d5	c6 — d5:
18.	e4 — d5: und Weiss gewinnt.	

---

6. Partie.

Gegen Mr. Ernest Morphy.

(Spanische Partie.)

	P. M. Weiss.	Mr. E. M. Schwarz.
1.	e2 — e4	e7 — e5
2.	Sg1 — f3	Sb8 — c6
3.	Lf1 — b5	Lf8 — c5
4.	c2 — c3	Dd8 — e7

Der bessere Zug wäre hier Sg8 — e7, und die durchaus correcte Behandlung der schwächeren Entgegnung giebt abermals ein treffendes Beispiel vom Positionsverständniss des Meisters.

	Weiss.	Schwarz.
5.	0 — 0	Sg8 — f6
6.	d2 — d4	Lc5 — b6
7.	Lc1 — g5	h7 — h6

Dieser Sperrungszug des Läufers, welchem wir wiederholt begegnen werden, gehört zu den durchgreifenden Eigenthümlichkeiten in der Spielweise unseres Meisters und wird hier durch das Streben nach rapider Entwicklung der Figuren sowie nach möglichster Verbindung von Angriffs- und Vertheidigungserfordernissen begründet.

8.	Lg5 — f6:	g7 — f6:

Bei Wiedernahme durch die Dame droht mit Lb5 — c6: Bauerverlust. Nach g7 — f6: aber wird der nun folgende Springerangriff von entscheidender Wirksamkeit.

	Weiss.	Schwarz.
9.	d4 — d5	Sc6 — d8
10.	Sf3 — h4	c7 — c6
11.	Sh4 — f5	De7 — c5
12.	b2 — b4	Dc5 — f8

Weiss lässt dem verfolgten Gegner keinen Augenblick Ruhe und setzt mit gewohnter Kräftigkeit und Energie den Angriff fort.

Man sieht, dass bei Wegnahme des Läufers die Dame verloren geht.

13.	d5 — c6:	d7 — c6:
14.	Sf5 — d6†	Ke8 — e7
15.	Dd1 — d3	c6 — b5:
16.	Sd6 — c8†	Ta8 — c8:
17.	Tf1 — d1	Df8 — g7
18.	Dd3 — d7†	Ke7 — f8

19. Dd7 — c8: und Weiss gewinnt.

Viertes Kapitel.

Der Schachcongress zu New York im Herbst 1857.

Die rapide Entwicklung der neuen Welt auf allen Gebieten praktischer Thätigkeit hat in neuester Zeit auch das Interesse am edlen Spiele mit voller Kraft ergriffen, an unzähligen Orten starke Spieler wie zahlreiche Gesellschaften gebildet, mehrere Meister ersten Ranges geschaffen und Congresse, Tourniere wie blühende Zeitschriften in's Dasein gerufen. Schon jetzt bedarf Europa grosser Anstrengungen, um den alten Ruhm sich zu wahren. Gleichwie bei industriellen Unternehmungen jeglicher Art eine gewandte Aufnahme und rasche Fortbildung das reichlich genutzte Capital mit Wucher zurückzugeben gestattete, so droht von der neuen Welt auch den Europäischen Schachleistungen eine schwunghafte Ueberflügelung.

Denn ein so reger Eifer beseelt für das königliche Spiel jetzt die Gemüther jenseits des Oceans, dass bei dem praktischen Sinne und der durchgreifenden Energie, mit welcher die neue Welt Alles, was sie einmal erfasst hat, betreibt, in kürzester Frist die überraschendsten Resultate unseren erstaunten Blicken sich darstellen sollten.

Grossartige Erweiterung bestehender Schachvereinigungen nach Innen wie Aussen, rastlose Thätigkeit in Reorganisation und Neubildung umfassender Clubs in den verschiedensten Städten, ja eine wahrhaft imposante Schachverbrüderung aller Spieler der vereinigten Staaten zu einer grossen Gesammtassociation sind die nächsten wie über Nacht herangewachsenen Früchte.

Tägliche Versammlungen der Clubs und belehrende Vorlesungen wie instructive Consultationspartien in ihrer Mitte, unmittelbare lebendige Einwirkung ihrer Mitglieder nach Aussen zu Gunsten der sich weit ausdehnenden Popularität des Spieles, zahlreiche Correspondenzpartien zwischen den einzelnen Gesellschaften, beschleunigt durch das Mittel der Telegraphie, stehen in Verbindung mit steigender Anerkennung des hohen Werthes unseres Spieles in geselliger wie moralischer Beziehung. Projecte zu Schachmuseen mit alten, historischmerkwürdigen Schachkleinodien, Anfertigung und Ausstellung von werthvollen Schachfabrikaten, Anwendung von Photographie und Lithographie zur Herstellung und allgemeineren Verbreitung von Porträts der bedeutenderen Meister sind nur vereinzelte Zeugnisse für das noch immer im Wachsen begriffene Ansehen des ritterlichen Spieles und seiner Vertreter. 1)

Die einflussreichsten Schachvereinigungen bestehen in New York und in New Orleans. Aus der letzteren ist unser berühmter Meister hervorgegangen, und sie hat daher für intensive Förderung des Spieles im anderen Welttheile eine hohe Bedeutung. Die erstere ist mehr in extensivem Sinne von Einwirkung gewesen, ihre Statuten sind das Muster für viele Filialclubs geworden, sie hat die thätigsten literarischen Kräfte der Vereinigten Staaten gezogen. 2)

Uebt schon an und für sich die Presse im anderen Contingente eine erhöhte Wirksamkeit, so ist sie noch weit mehr für das Gedeihen unseres edlen Spieles von unberechenbarem Einfluss gewesen. Fast ein Dutzend weitgelesener Blätter

Amerika's widmet jetzt einen Theil der Spalten dem Schachdienste, darunter namentlich mehrere zu New York erscheinende illustrirte Wochenschriften. 3) Vor Allem aber gebührt den Leistungen des eigentlichen Schachorgans selbst, der zu New York unter der Redaction des gelehrten und literarisch so gewandten Meisters Daniel Willard Fiske erscheinenden Monatsschrift, laute Bewunderung und hohe Anerkennung. Seinen Bemühungen verdanken wir vorzugsweise die Berufung des grossen Congresses, zu welchem aus allen Gegenden der Vereinigten Staaten sich Anhänger des edlen Spieles gefunden haben, um ihn zum eigentlichen Mittelpunkte des gegenwärtigen Aufschwunges der Schachinteressen und zur Quelle für die Gründung der gedachten grossen Verbrüderung zu erheben. 4) Das beste Zeugniss hat in dieser Beziehung unser Meister Paul Morphy selbst abgelegt, da er in seiner Tischrede beim Festessen des Schachcongresses ausdrücklich den Vertretern der New Yorker Schachpresse seine Huldigung darbrachte und diesen Toast mit folgenden Worten einleitete:

„Herr Präsident und Sie meine Herren vom Schachcongress, — ich sage Jhnen meinen aufrichtigen Dank. So hoch ich mich aber auch geehrt fühle, so muss ich dennoch in dieser Versammlung von Schach-Celebritäten etwas mehr als einen Tribut für das Verdienst, mag es nun begründet oder nur eingebildet sein, erkennen. Wir sind, meine Herren, zu einem wahrhaft noblen Vorhaben zusammen gekommen, wir haben uns an dieser festlichen Tafel zur freudigen Feier der Erfolge eines grossen Unternehmens getroffen. Denn zum ersten Male in den Annalen Amerikanischer Schachbestrebungen ist ein Congress zusammengetreten, welcher ohne Zweifel eine Epoche in der Geschichte unseres edlen Spieles zu machen bestimmt ist. Wurde bisher das Schach von unseren Landsleuten einzig zur Kurzweil betrieben, so erhält es jetzt eine andere Bedeutung und gewinnt einen höheren Rang unter jenen Beschäftigungen, welche zur Zierde und zum wohlthätigen Einfluss dem menschlichen Scharfsinn gereichen. So finden wir uns heute Abend zusammen, um dem Anbrechen einer neuen und ernsteren Würdigung der Vorzüge unseres edlen Spieles zu huldigen, und sollen wir, meine Herren, nicht der Hoffnung Raum geben, dass diese erste nationale Vereinigung von Caissa's Anhängern nur die Vorläuferin vieler künftigen sein werde? Gewiss wird eine kommende Zeit diesen Glauben bestätigen, und dann wird stets Ihnen, meine Herren der Gesellschaft zu New-York, der Preis gebühren. Von New-York aus, von diesem Altar, an dem Sie dem Dienste des edlen Spieles sich widmen, ist die erste Anerkennung ausgegangen, welche so bald zu einem weithin schallenden Lobliede auf die rühmlichen Eigenschaften unserer königlichen Beschäftigung anwachsen sollte. — Doch, meine Herren, ich will Ihre Geduld nicht ermüden, und so begnüge ich mich mit dieser mir gebotenen Gelegenheit, Ihnen Allen wie jedem Einzelnen die Versicherung meiner wärmsten Erkenntlichkeit für die überaus gütige und wohlwollende Aufnahme in New-York zu erkennen zu geben. Ich bringe mein Hoch dar den Vertretern der Schachpresse von New-York, deren Anstrengungen so wesentlich zur allgemeinen Verbreitung des edlen Spieles beigetragen haben!"

In würdigem Sinne wurde diese Ansprache von den Betheiligten aufgefasst und zunächst von W. I. A. Fuller, dem damaligen Redacteur der Schachartikel in Frank Leslie's illustrirter Zeitung, dann von Daniel Fiske erwiedert. Jener sagte unter Anderem:

„Beim Lobe des edlen Spieles liegt mir der Gedanke nahe, dass es als scharfsinniges und ritterliches Erholungsmittel, als Erziehungsschule für die Gesinnung, sowie als Trostquelle in den Sorgen und Mühen irdischer Wirrsal jene hohen Vorzüge, welche Cicero in seiner gefeierten Rede für den Dichter Archias den Wissenschaften zuerkennt, ohne Zweifel zu wenigstens gleichem Grade in sich birgt; und auf die Gefahr, als Pedant zu erscheinen, kann ich nicht umhin, an diese klassischen Worte zu erinnern: „Haec studia adolescentiam alunt, senectutem oblectant, secundas res ornant, adversis perfugium ac solatium praebent, oblectant domi, non impediunt foris, pernoctant nobiscum, peregrinantur, rusticantur." Hätte Cicero diese Gedanken unmittelbar auf das Schach bezogen, er hätte der Wahrheit nicht näher kommen können.

Das Schach fesselt Denkkraft und Willen, wie nichts Anderes in dieser Welt vermag. Vertieft in die Verschlingungen schwieriger Combinationen, was kümmern wir uns da um die materiellen Bedürfnisse dieser Erde; was fragen wir nach, ob der Zinsfuss zu sieben Procent jährlich oder monatlich gilt?

„Die Welt vergessend und von der Welt vergessen"

(„The world forgetting and by the world forgot"),

fühlen wir uns so ganz frei von Sorge und Noth und lassen uns nicht stören, dass der kommende Morgen vielleicht schon in frühester Stunde uns an mechanische Tagesarbeit fesselt. Doch was soll ich die Vorzüge des Schach weiter darlegen! Der feinste menschliche Scharfsinn würde seine Tiefen nicht ergründen, die Macht mathematischen Calcüls seine endlosen Combinationen nie durchrechnen, die Kunst des Dichters sein Lob nie aussingen, und eine Schilderung seiner Schönheiten könnte wohl die stärksten Bemühungen der begabtesten Feder und des beredtesten Mundes in die Schranken rufen! — — —

— — Was aber soll ich zum Schluss über die Krone und den Ruhm des Congresses, über das wunderreiche Spiel unseres jugendlichen Philidor sagen? Doch das ist ein falscher Vergleich, und obwohl ich zuerst diesen Beinamen ausgesprochen zu haben glaube, so dünkt er mir dennoch ein Missgriff zu sein. Denn Philidor erscheint wahrhaftig nur als Folie für den mächtigeren Schachgenius, dessen Erzeugung Amerika vorbehalten bleiben sollte in der Person unseres jungen Freundes Paul Morphy, der ein so würdiger Gegenstand unseres Nationalstolzes geworden! Er ist es, der des Dichters Wort bewährt:

„Westwärts zieht der Stern des Reiches,"

(„Westwards the star of Empire takes its way").

Wohl wissen wir Alle, dass uns ebenso rein ruhiges anspruchloses Wesen und elegantes nobles Auftreten wie sein ritterlicher Sinn und seine wunderbare Kunst im königlichen Spiele gleichmässig bezaubert hat. Völlig vertraut mit allen Eröffnungen und Endspielen scheint er zur Erweiterung seines Wissensschatzes jedem Autor Tribut auferlegt zu haben, und gleichwohl ist es wieder sein eigener unvergleichlicher Genius, welcher sie alle umfasst, stets den Sieg bei der Hand hält und uns die Möglichkeit giebt zur Herausforderung an die Welt, seines Gleichen zu stellen. Er erinnert uns an jenen stolzen Strom, an dessen Ufern er lebt, welcher in seinen Schooss die Gewässer vieler Flüsse aufnimmt, zuletzt aber seinen eigenen Lauf in den grossen Ocean mündet, tief, klar und unaufhaltsam! — — —

Schach preisen heisst die Lilie malen und strahlendem Golde Glanz geben wollen. Gleichwie alles Gemeine und Niedrige der Seele erdwärts fällt, wenn sie vom sonnengleichen Speer Ithuriel's berührt wird, so wirkt das Schachspiel reinigend von allem gröberen Wesen auf die Kreise, welche es durchzieht, — ja, meine Herren, keine Sprache wäre überschwenglich genug, um alle Vorzüge des edlen Spieles zu schildern. Wer wollte seine tiefe Bedeutung für Bildung und Charakter verkennen, wer läugnen, dass es diesen Einfluss immerdar ausüben werde! So lange die glänzenden Combinationen eines Mac Donnel und Labourdonnais Menschen entzücken werden, so lange die Stärke und Correctheit eines Philidor erfreuen wird, so lange die analytischen Untersuchungen von Jaenisch, v. d. Lasa, Staunton belehren und das wunderbare Talent unseres Paulsen wie der unvergleichliche Genius unseres Landsmannes Morphy zur Bewunderung hinreissen werden, so lange wird das Schach seine Herrschaft in der Welt behaupten. und das wird so lange sein, bis die Zeit Nichts mehr mit dem Menschengeschlecht und dieses mit der Literatur gemein hat.“

Mögen diese wenigen Proben genügen, um von jenem begeisterten Eifer, welcher die Gemüther jenseits des Oceans er griffen hat, concretes Zeugniss abzulegen. Man sieht nicht nur, mit welcher Energie für die Sache, sondern auch mit welchem stolzen Vertrauen auf eigene Leistungsfähigkeit die transatlantischen Schachgenossen für die Fortbildung des Spieles und seiner Interessen einstehen. Auch ist dieses Streben um so anerkennenswerther, je inniger es von dem stetigen Bewusstsein, was sie den Vorgängern in der alten Welt verdanken und was sie also darüber hinaus zu leisten haben, begleitet wird. In diesem letzteren Sinne giebt vorzüglich die Ansprache des gelehrten Kenners unseres Spieles, D. W. **Fiske**, ausdrückliche Bestätigung, sowie dem deutschen Nationalgefühle wohlthätige Genugthuung. Er sagte unter Anderem:

„— — Während wir aber mit freudigen und stolzen Gefühlen die rapide Entwicklung des Schach in unserem Vaterlande verfolgen, dürfen wir nicht ausser Acht lassen, auch jenen grossen Geistern, die uns vorangegangen und denen wir so tief verschuldet sind, gerechte Huldigung darzubringen. Wohl würde ich viel Zeit in Anspruch nehmen, wollte ich nur einige Wenige der verschiedenen Meister und Schulen hervorheben, welche auf Literatur wie Praxis des königlichen Spieles von bedeutendem Einfluss gewesen sind. Allein ich kann nicht umhin, wenigstens an die Leistungen und Erfolge Deutschlands auf diesem Gebiete zu erinnern. Denn während der letzten zwanzig Jahre ist keine andere Nation so thätig für die Sache, welche wir pflegen, gewesen. Von der glorreichen Berliner Schule sind wie von einem gemeinsamen Centrum aus die wohlthätigsten Wirkungen einer neuen Behandlung des Schach bis hin zu den entferntesten Gegenden der Erde gedrungen, einer Behandlung, deren hervorstechendste Eigenschafteu sorgsames Studium und gewissenhafte Analyse bilden und deren Begründer auf dieser sicheren Basis einen vollendeten Oberbau von schönster Eleganz und feinstem Stile, die über alles Lob erhaben sind, aufgeführt haben. Manche der ausgezeichneten Meister, welche in Preussens Hauptstadt sich zusammenfanden, sind leider bereits von uns gegangen.

Bilguer, das jugendliche vielversprechende Genie, Hanstein, der ernste Matador correcter Praxis, uud Bledow, der begeisterte Kenner der Schachwissenschaften, sind nicht mehr. Aber unter den Wenigen, welche noch leben, findet sich einer, dessen Name lauten Wiederhall im Herzen jedes Schachgenossen wecken wird, — ich denke an den ebenso unüberwindlichen Spieler wie gelehrten Autor, dessen Ruhm ihn bereits zu den glänzendsten Sternen am Firmament der Schachliteratur unseres Jahrhunderts erhoben. Einer der ersten in Gründung und Fortbildung der Berliner Schule, hat er sein Leben stets und überall dem Dienste unseres edlen Spieles gewidmet. Wo ihn nur immer seine diplomatische Laufbahn hinrief, war es in Wien oder Stockholm, in Brüssel oder im Haag, überall galt seine nächste Erkundigung den Schachgenossenschaften, überall war seine erste Arbeit eine Durchforschung der Bibliotheken nach seltenen Schachbüchern und selteneren Schachhandschriften. Die Spalten des deutschen Schachorganes und verschiedene selbstständige grössere Werke geben von der Gediegenheit und Tiefe seiner gelehrten Untersuchungen deutliche Kunde. Viele Spieler haben seine Anstrengungen verwerthet, manche fremde Autoren haben aus seinen Schriften geschöpft, er aber war stets zu bescheiden und uneigennützig, um sich darüber zu beklagen. Sein Name wird Ihnen, noch ehe er über meine Lippen gegangen, schon längst vor die Seele getreten sein, und so fordere ich Sie denn auf, meine Herren, mit mir anzustossen auf das Wohl des gelehrten und unermüdlichen Theoretikers, des klassischen Meisters der Praxis, des treuen und gewissenhaften Geschichtsschreibers, des wahren und echten Ehrenmannes, Heydebrand von der Lasa!"

Wohl dürfen die deutschen Freunde mit gerechtem Stolze diese hohe Anerkennung der freien Söhne eines fernen Welttheils begrüssen und darin eine neue Bürgschaft für gediegene intensive Fortbildung des edlen Spieles anf der andern Hemisphäre erblicken. Zwar sind die hier vernommenen Stimmen nur vereinzelte und gehören besonders hervorragenden Kennern an. Sie geben aber in ihrer harmonischen Uebereinstimmung und als laute Aussprachen vor einer grösseren Gemeinschaft, die aus den verschiedensten Gegenden der Vereinigten Staaten sich zusammengefunden, immer ein lebendiges Zeugniss für den Ernst der Bestrebungen und ein annäherndes Bild von dem rapiden Fortschritte, welchen die Pflege des edlen Spieles in jeglicher Richtung jenseits des Oceans genommen. So gewähren sie auch einen relativen Maassstab für die Würdigung desjenigen, welcher auf dem Boden jener Fortschritte erwachsen und als Perle des Congresses von dessen Mitgliedern selbst ihr Ruhm und Stolz genannt worden ist, und der in der Hauptthätigkeit jener Versammlung bis zum ersten Range sich aufschwingen sollte. Diese hervorragende Beschäftigung des Congresses fand im Laufe des Monats October Statt und bestand in Auskämpfung zweier Turniere, eines grösseren unter den stärkeren Meistern und eines kleineren unter den schwächeren Spielern. Zu jenem hatten sich sechszehn Kämpfer gestellt, welche durch das Loos in folgende Paare abgetheilt wurden:

Erster Gang.

1.

Paul Morphy aus New Orleans gewann 3.
James Thompson aus New York „ 0.

2.

Louis Paulsen aus Dubuque in Iowa gewann 3.
S. R. Calthrop aus Connecticut „ 0.

3.

A. B. Meek aus Alabama „ 3.
W. I. A. Fuller aus New York „ 2.

4.

H. P. Montgomery aus Philadelphia „ 3.
W. S. Allison aus Minnesota „ 1.

5.

Th. Lichtenhein aus New York	gewann	3.
C. H. Stanley aus New York	„	2.

6.

Dr. B. J. Raphael aus Kentucky	„	3.
H. Kennicott aus Illinois	„	2.

7.

F. Perrin aus New York	„	3.
R. Knott aus Brooklyn	„	2.

8.

N. Marache aus New York	„	3.
D. W. Fiske aus New York	„	2.

Zweiter Gang.

1.

P. Morphy gegen A. B. Meek.
3. 0.

2.

L. Paulsen gegen H. P. Montgomery.
3. 0.

3.

Th. Lichtenhein gegen F. Perrin.
3. 0.

4.

B. J. Raphael gegen N. Marache.
3. 2.

Dritter Gang.

1.

P. Morphy gegen Th. Lichtenhein.
5. 0.

2.

L. Paulsen gegen Raphael.
5. 0.

Vierter Gang.

P. Morphy gegen L. Paulsen.
5. 1.

Aus dieser Uebersicht geht hervor, dass unter sechszehn mit verschiedenen Gegnern gespielten Partien der erste Sieger, Paul Morphy, nur eine und zwar gegen den nächsten Concurrenten verloren hat, welcher seinerseits gegen seine übrigen Gegner in entschiedenem Vortheile geblieben ist. Diese Resultate können das Urtheil begründen, dass der Ausgang des Turnieres selbst der absoluten Wahrheit so nahe als möglich gekommen und dass beim Preisausfall Verdienst und Glück sich die Hand gereicht haben. Bestätigt wird, abgesehen von jenen äusseren Resultaten, das Urtheil noch durch die innere Natur der Spiele selbst, welche deutlich überwiegende Stärke des Siegers im Verhältniss zu den Gegnern bekunden. Wir wählen einige in dieser Hinsicht besonders charakteristische Partien aus und geben damit den Lesern selbst die Würdigung des Urtheils anheim.

I. Gegen Louis Paulsen.

7. Partie.

(Damenspringerspiel.)

L. Paulsen. P. M.

	Weiss.	Schwarz.		Weiss.	Schwarz.
1.	e2 — e4	e7 — e5	3.	S g1 — f3	L f8 — c5
2.	S b1 — c3	S b8 — c6	4.	L f1 — b5	S g8 — f6

Weiss.	Schwarz.
5. 0 — 0	0 — 0
6. S f3 — e5:	T f8 — e8

Schwächer wäre S c6 — e5:, da 7. d2 — d4 Weiss in Positionsvortheil setzen würde.

7. S e5 — c6: d7 — c6:

Verfehlt wäre der Versuch, durch 7. S e5 — d3 den gewonnenen Bauer zu behaupten. P. Morphy glaubt zwar an den Erfolg dieses Versuches, indem er nur die gedrückte Stellung von Weiss als Consequenz hervorhebt, allein bei 7. S e5 — d3, L c5 — d4; 8. T f1 — e1, L d4 — c3: oder 8. S c3 — e2, L d4 — b6; 9. L b5 — c6:, d7 — c6:; 10. e4 - c5, S f6 - g4 dürfte auch nicht einmal der Bauervortheil zu wahren sein.

8. L b5 — c4 b7 — b5

Die Eroberung des Königsbauers in diesem Momente würde wegen des Läuferopfers auf f7 für Schwarz Nachtheil bringen.

9. L c4 — e2 S f6 — e4:

Schwach wäre 9. L c4 — b3 wegen L c8 — g4; 10. D d1 — e1, b5 — b4 etc.

10. S c3 — e4: T e8 — e4:

Unmittelbaren Verlust bringt 10. L e2 - f3 wegen S e4 - f2:; 11. T f1 - f2:, D d8 — d4; 12. S c3 — e4, T e8 — e4: oder 12. D d1 — f1, D d4 - f2† nebst 13. T e8 — e1‡.

11. L e2 — f3 T e4 — e6

12. c2 — c3 D d8 — d3

Der entscheidende Fehler des Weissen, den der Gegner energisch zu benutzen weiss; der richtige Zug wäre 12. d2 — d3.

Weiss.	Schwarz.
13. b2 — b4	L c5 — b6
14. a2 — a4	b5 — a4:
15. D d1 — a4:	L c8 — d7
16. T a1 — a2	

Stärker wäre 16. D a4 — a6, und es fragt sich, zu welchem tiefdurchdachten Vorbereitungszuge in gegenwärtiger Position

Schw.

W.

Schwarz jene Unterlassung benutzt? Wir machen hier auf ein Endspiel zwischen Anderssen und Dufresne aufmerksam, welches den analogen Fall eines einfachen Thurmzuges zur Vorbereitung des Damenopfers bietet. (Man sehe Schachztg. von 1852 S. 339 und 383.)

16. . . . . T a8 — e8

Hierauf droht zwar durch 17. D d3 - f1† ein zweizügiges Matt; der eigentliche Zweck des Thurmzuges liegt aber tiefer und ist Vorbereitung des Damenopfers auf f3. Statt des jetzt verspäteten Damenangebotes sollte aber 17. D a4 — d1 geschehen.

17. D a4 — a6 D d3 — f3:

18. g2 — f3: T e6 — g6†

	Weiss.	Schwarz.
19.	K g1 — h1	L e6 — h3
20.	T f1 — d1	

Hier bietet sich der Zug 20. D a6-d3, worauf aber Schwarz bei f7-f5; 21. D d3 — c4†, K g8 — f8 etc. ebenfalls die Oberhand behalten wird.

	Weiss.	Schwarz.
20.	. . . .	L h3 — g2†
21.	K h1 — g1	L g2 — f3†
22.	K g1 — f1	L f3 — g2†
23.	K f1 — g1	L g2 — h3†
24.	K g1 — h1	L h6 — f2:
25.	D a6 — f1	L h3 — f1:
26.	T d1 — f1:	T e8 — e2
27.	T a2 — a1	T g6 — h6
28.	d2 — d4	L f2 — e3

Aufgegeben.

---

8. Partie.

(Sicilianische Eröffnung.)

	P. M. Weiss.	L. Paulsen. Schwarz.
1.	e2 — e4	c7 — c5
2.	S g1 — f3	e7 — e6

Dies ist der richtige Angriff gegen die sicilianische Partie, welche uns für die nachziehende Partei nicht empfehlenswerth erscheint.

	Weiss.	Schwarz.
3.	d2 — d4	c5 — d4:

Noch stärker wäre hier 3. S b1 — c3, um dann auf a7 — a6 erst d2 — d4 oder auf S b8 — c6 zunächst L f1 — b5 zu spielen.

	Weiss.	Schwarz.
4.	S f3 — d4:	L f8 — c5
5.	L c1 — e3	D d8 — b6
6.	S d4 — b5	S g8 — f6
7.	L e3 — c5:	D b6 — c5:
8.	S b5 — d6†	K e8 — e7
9.	S d6 — c8†	T h8 — c8:
10.	L f1 — d3	S b8 — c6
11.	0 — 0	h7 — h5
12.	S b1 — d2	h5 — h4
13.	h2 — h3	g7 — g5
14.	a2 — a3	T c8 — g8
15.	b2 — b4	D c5 — b6
16.	S d2 — c4	D b6 — c7
17.	f2 — f3	S c6 — e5
18.	S c4 — e5:	D c7 — e5:
19.	D d1 — d2	T g8 — g7
20.	T a1 — d1	T a8 — d8

Die Schwäche der Punkte d7 und d6 ist eine charakteristische Eigenschaft der sicilianischen Eröffnung und bietet einem consequenten Angriffsspiel manche Chancen.

	Weiss.	Schwarz.
21.	D d2 — f2	b7 — b6
22.	f3 — f4	g5 — f4:
23.	D f2 — f4:	D e5 — g5
24.	T f1 — f2	D g5 — f4:
25.	T f2 — f4:	T d8 — g8
26.	T d1 — d2	T g8 — h8
27.	e4 — e5	S f6 — d5

	Weiss.	Schwarz.
28.	T f4 — d4	f7 — f6
29.	e5 — f6‡	S d5 — f6:
30.	T d4 — c4	K e7 — d8
31.	a3 — a4	S f6 — d5

Die nächsten Combinationen zeigen die Vortheile eines Laufers gegenüber dem Springer.

32.	L d3 — e4	S d5 — c7
33.	L e4 — f3	d7 — d5
34.	T c4 — c6	T g7 — d7
35.	L f3 — g4	T h8 — h6
36.	T d2 — e2	K d8 — e7
37.	K g1 — h2	K e7 — f7
38.	g2 — g3	h4 — g3:
39.	K h2 — g3:	T d7 — e7
40.	h3 — h4	S c7 — e8
41.	h4 — h5	S e8 — f6
42.	T c6 — e6:	T e7 — e6:
43.	L g4 — e6‡	K f7 — g7
44.	L e6 — g4	S f6 — h5:
45.	L g4 — h5:	T h6 — h5:
46.	T e2 — e7†	K g7 — f6

Das nun folgende Endspiel bietet auf beiden Seiten vortreffliche Combinationen und zeugt vom tiefen Positionsblick des Siegers um so deutlicher, als dieser bereits jetzt die Vortheile des Abtausches der kleineren Officiere weit voraus berechnete.

	Weiss.	Schwarz.
47.	T e7 — a7:	K f6 — e5
48.	T a7 — a6	T h5 — g5†
49.	K g3 — f3	T g5 — f5†
50.	K f3 — e2	b6 — b5
51.	a4 — b5:	T f5 — f4
52.	c2 — c3	d5 — d4

Eine ausgezeichnete Combination von Schwarz, welche nur an dem Genie und an der unüberwindlichen Ruhe des Gegners scheitert. Man merke auf dessen Züge 56 und 61.

53.	c3 — c4	T f4 — h4
54.	c4 — c5	T h4 — h2†
55.	K e2 — d3	T h2 — h3†
56.	K d3 — c2	T h3 — h2†

Man sieht, dass bei K d3 — c4 Matt droht und vergleiche die vorstehende Anmerkung.

57.	K c2 — b3	T h2 — h3†
58.	K b3 — a4	K e5 — d5
59.	T a6 — d6†	K d5 — c4
60.	c5 — c6	T h3 — h1
61.	T d6 — d4‡	K c4 — d4:

Diese geniale Schlusswendung giebt wiederholten Beweis von der schon oft gerühmten Energie des Meisters. Vgl. Z. 48 der 2. P. (S. 31.)

62.	c6 — c7	T h1 — h8
63.	b5 — b6	K d4 — c5
64.	b6 — b7	Aufgegeben.

II. Gegen Theodor Lichtenhein.

9. Partie.

(Läuferspiel mit Berliner Vertheidigung.)

P. M. Weiss.	Lichtenhein. Schwarz.
1. e2 — e4	e7 — e5
2. L f1 — c4	S g8 — f6
3. S g1 — f3	S f6 — e4:
4. S b1 — c3	d7 — d5

Diese von Kieseritzky in Vorschlag gebrachte und später in der Schachzeitung (Mai 1856 S. 153) von Smigielski analysirte Fortsetzung der anziehenden Partei führt zwar bei S e4 — c3: 5. d2 — c3: f7 — f6 zum Verlust eines Bauers, gewährt aber in diesem Falle die Möglichkeit starker und brillanter Angriffe. In einer späteren Partie gegen Barnes werden wir den Meister dieses Angriffsspiel consequent und glänzend ausführen sehen.

Die vom Nachziehenden versuchte Abweichung ist neu und entspringt aus dem Streben nach Erleichterung der Position; sie möchte in den Augen mancher Praktiker vor jener rein defensiven Fortsetzung entschiedenen Vorzug finden.

5. L c4 — d5:	S e4 — f6

Hier käme auch 5. S c3 — d5: in Frage, worauf bei c7 — c6 Weiss mit 6. S d5 — e3 sich günstig stellen könnte.

6. L d5 — b3	L f8 — d6
7. d2 — d3	0 — 0
8. h2 — h3	h7 — h6
9. L c1 — e3	S b8 — c6
10. D d1 — d2	S c6 — a5
11. g2 — g4	S a5 — b3:
12. a2 — b3:	L c8 — d7
13. T h1 — g1	S f6 — h7
14. S c3 — e4	K g8 — h8

Man merke auf den sich gegen die Rochadeseite des Schwarzen entspinnenden Angriff. Er ist durchaus im eigenthümlichen Stile des Meisters gehalten und legt dessen Kunst in jener Angriffsart vollkommen dar.

15. g4 — g5	h6 — h5
16. S f3 — h4	g7 — g6
17. D d2 — e2	L d7 — c6

In diesem Zuge des Laufers, welcher sich von der für die Vertheidigung so wichtigen Diagonallinie d7 — g4 jetzt entfernt, liegt der erste Keim zu dem nun vom Gegner consequent herbeigeführten Verlust.

18. f2 — f4	e5 — f4:

Es wäre besser, hier sofort den Springer und dann erst den Bauer zu schlagen.

19. L e3 — d4†	K h8 — g8
20. S h4 — f5	T f8 — e8

Wir erinnern hier an die soeben gemachte Bemerkung und fügen hinzu, dass jetzt Weiss keinen der beiden drohenden Springer schlagen darf, sodass sich die gerügte Versäumniss bereits unerbittlich rächt.

Denn wird der Damenspringer

genommen, so giebt der Königsspringer unmittelbar Matt; wird aber dieser geschlagen, so droht der Damenspringer auf f6 Schach und Weiss gewinnt nach 22. g5—f6† durch 23. D d1—h5:.

	Weiss.	Schwarz.
21.	S f5 — h6†	K g8 — f8
22.	0 — 0 — 0	L c6 — e4:
23.	d3 — e4:	D d8 — e7
24.	e4 — e5	L d6 — e5:

Wieder ein Baueropfer im glänzenden Stile des Meisters zur Einleitung des nun folgenden entscheidenden Officierangriffes.

	Weiss.	Schwarz.
25.	L d4 — e5:	D e7 — e5:
26.	T d1 — d7	D e5 — g7

Weder T e8 - e7 wegen 27. D e2 - e5: noch K f8 - g7 wegen 28. T d7 — f7† nebst 29. T f7 — f8† würde Rettung bringen. Im letzteren Falle kann weder Thurm noch Springer wegen des drohenden Damenverlustes den Thurm f8 nehmen, und bei K f8 - g7 würde Abtausch der Damen nebst T f8 — f7 † und T f7 — c7: etc. zum Gewinn führen.

	Weiss.	Schwarz.
27.	D e2 — c4	T e8 — e7
28.	T d7 — e7:	K f8 — e7:
29.	T g1 — e1†	Aufgegeben.

10. Partie.

(Evans Gambit.)

	P. M.	Th. Lichtenhein.
	Weiss.	Schwarz.
1.	e2 — e4	e7 — e5
2.	S g1 — f3	S b8 — c6
3.	L f1 — c4	L f8 — c5
4.	b2 — b4	L c5 — b4:
5.	c2 — c3	L b4 — c5
6.	0 — 0	S g8 — f6

Beim Rückzuge des Läufers nach c5 ist als Antwort auf die Rochade allein d7 — d6 empfehlenswerth und der Rückzug des Springers nachtheilig, wie die folgende energische Fortsetzung des Angriffes deutlich bezeugt.

Als beste Vertheidigung des Evans-Gambit erscheint uns überhaupt der Rückzug des Laufers nach a5 und die dann sichere Bewegung des Königsspringers als Entgegnung auf die Rochade.

	Weiss.	Schwarz.
7.	d2 — d4	e5 — d4:
8.	c3 — d4:	L c5 — b6
9.	e4 — e5	d7 — d5

Noch stärker scheint zunächst 9. L c1 — a3.

	Weiss.	Schwarz.
10.	e5 — f6:	d5 — c4:
11.	f6 — g7:	T h8 — g8

Statt dessen führt auch 11. T f1 - e1†, wie Loewenthal vorschlägt, zu einem starken Angriffsspiel, bei K e8 — f8 kann dann 12. L c1 — a3 etc. die Folge sein.

	Weiss.	Schwarz.
12.	T f1 — e1†	S c6 — e7
13.	L c1 — g5	L c8 — e6

Weiss.	Schwarz.
14. S b1 — c3	L b6 — a5

Besser als L g5 — e7:, worauf D d8 — e7: 15. d4 — d5, 0 — 0 — 0 Schwarz günstig stellen würde.

Man bemerke übrigens auch die in dieser Partie so deutlich vorherrschende rapide Entwickelung der einzelnen Steine.

Weiss.	Schwarz.
15. S c3 — e4	T g8 — g7:
16. S e4 — f6†	K e8 — f8
17. T e1 — e5	c7 — c6
18. L g5 — h6	S e7 — f5
19. T e5 — e6:	f7 — e6:

Einfacher wäre 19. T e5 — f5: L e6 — f5: 20. S f6 — h5 mit Gewinn eines Officiers; die gewählte Spielart hat aber den Vorzug der Eleganz und ist charakteristisch für den brillanten Stil des Meisters.

Weiss.	Schwarz.
20. S f3 — g5	K f8 — e7

Man sieht, dass die Dame den Springer wegen S g5 — h7† nicht nehmen darf. Geschähe aber D d8 - e7, so würde 21. D d1 — h5 S f5 — h6: 22. D h5 — h6: Weiss in Vortheil bringen.

Weiss.	Schwarz.
21. L h6 — g7:	S f5 — g7:
22. D d1 — f3	D d8 — d4:

Besser wäre S g7 — f5.

Weiss.	Schwarz.
23. T a1 — d1	L a5 — d2
24. S f6 — g8†	T a8 — g8:
25. D f3 — f7†	K e7 — d8

Auf K e7 — d6 würde T d1 — d2: entscheiden.

26. S g5 — f3 und Weiss gewinnt.

11. Partie.

(Mittelgambit gegen Springergambit.)

P. M. Weiss.	Th. L. Schwarz.
1. e2 — e4	e7 — e5
2. f2 — f4	e5 — f4:
3. S g1 — f3	d7 — d5
4. e4 — d5:	L f8 — e7

Der richtige Zug ist L f8 — d6. Schwarz lenkt nachträglich und nicht zu seinem Vortheile in die bekannte Vertheidigung Cunningham's ein.

Weiss.	Schwarz.
5. L f1 — b5†	c7 — c6
6. d5 — c6:	b7 — c6:
7. L b5 — c4	L e7 — h4†
8. g2 — g3	f4 — g3:
9. 0 — 0	g3 — h2†
10. K g1 — h1	L h4 — f6
11. S f3 — e5	S g8 — h6
12. d2 — d4	L f6 — e5:
13. D d1 — h5	D d8 — d4:
14. L c4 — f7†	S h6 — f7:
15. D h5 — f7†	K e8 — d8
16. L c1 — g5†	L e5 — f6
17. S b1 — c3	L c8 — d7

Jetzt hat bereits Weiss alle Figuren in Thätigkeit und das Officieropfer ist hinlänglich durch die entblösste Stellung des feindlichen Königspaares ausgeglichen.

	Weiss.	Schwarr.
18.	T f1 — f6:	K d8 — c7
19.	L g5 — f4†	K c7 — b7
20.	T f6 — d6	D d4 — c5
21.	S c3 — e4	D c5 — c2:

Man kann auch an diesem einfachen Zuge, welcher aber entschieden stärker als unmittelbare Wegnahme des Laufers erscheint, die energische Angriffsweise des Meisters erkennen.

	Weiss.	Schwarz.
22.	T d6 — d7†	S b8 — d7
23.	D f7 — d7†	K b7 — a6
24.	S c4 — d6	T h8 — d8
25.	D d7 — b7†	K a6 — a5
26.	L f4 — d2†	D c2 — d2:
27.	S d6 — c4†	K a5 — a4
28.	b2 — b3 ‡	

III. Gegen M. James Thompson.

12. Partie.

(Evans-Gambit.)

	J. Thompson. Weiss.	P. M. Schwarz.
1.	e2 — e4	e7 — e5
2.	S g1 — f3	S b8 — c6
3.	L f1 — c4	L f8 — c5
4.	b2 — b4	L c5 — b4:
5.	c2 — c3	L b4 — a5
6.	d2 — d4	e5 — d4:
7.	D d1 — b3	D d8 — f6

Es ist fraglich, ob hier nicht vielleicht D d8 – e7 den Vorzug grösserer Sicherheit verdient. Man vergleiche die 19. Variante des §. 8. h. t. im Handbuch. Der gewählte Zug der Dame birgt freilich die Möglichkeit einer leichteren Aufnahme des Gegenangriffs in sich.

	Weiss.	Schwarz.
8.	0 — 0	d7 — d6
9.	c3 — d4:	L a5 — b6
10.	e4 — e5	d6 — e5:
11.	d4 — e5:	D f6 — g6
12.	L c1 — a3	L c8 — e6
13.	S b1 — d2	S g8 — e7
14.	L c4 — e6:	f7 — e6:
15.	T a1 — e1	0 — 0
16.	S d2 — e4	T a8 — d8
17.	S e4 — g5	T f8 — f3:

Der Angriff des Springers ist vorzeitig, wie die Entgegnung, welche zu Officiergewinn führt, bekundet.

	Weiss.	Schwarz.
18.	S g5 — f3:	T d8 — d3
19.	D b3 — b2	T d3 — f3:

Auf D b3 – c2 folgt T d3 — a3:, auf S f3 — h4 aber T d3 — b3:; 20. S h4 — g6: T b3 — a3: etc.

	Weiss.	Schwarz.
20.	K g1 — h1	L b6 — d4

Jetzt hat Schwarz den Angriff errungen und bleibt nun Herr der Partie bis zum siegreichen Schlusse.

	Weiss.	Schwarz.
21.	D b2 — c1	T f3 — c3
22.	D c1 — b2	T c3 — g3
23.	D b2 — c1	T g3 — g2:
24.	D c1 — f4	S e7 — f5
25.	D f4 — f3	T g2 — h2†
26.	K h1 — h2:	L d4 — e5†
27.	T e1 — e5:	S c6 — e5:
28.	D f3 — h3	S f5 — h4

Wir machen auf die nun folgende bewunderungswürdige Führung der beiden Springer aufmerksam.

	Weiss.	Schwarz.
29.	f2 — f3	D g6 — c2†
30.	K h2 — h1	S h4 — f5
31.	L a3 — c1	D c2 — e2
32.	L c1 — f4	S e5 — d3
33.	L f4 — c7:	c6 — e5

Dieser Bauerzug ist stärker als der Qualitätgewinn durch S d3 - f2†.

	Weiss.	Schwarz.
34.	K h1 — g1	S d3 — f4

Bei D h3 — f5: gewinnt Schwarz durch D g2 — f1† 35. K h1 — h2 D f1—f2† 36. K h2—h3 S d3—f4† oder 36. K h2 — h1 D f2 - h4†; 37. K h1 — g2 S d3 — f4† sehr bald.

	Weiss.	Schwarz.
37.	D h3 — h2	D e2 — c4

Falls D h3-g4 so gewinnt Schwarz durch h7 — h5 wegen des drohenden Matt die Dame.

	Weiss.	Schwarz.
36.	L c7 — b8	S f4 — e2†

Auf jedem anderen Felde würde der Laufer verloren gehen.

	Weiss.	Schwarz.
37.	K g1 — f2	D c4 — d4†
38.	K f2 — e1	S f5 — g3

Wegnahme des Springers würde durch D d4 — b2† Damenverlust zur Folge haben.

	Weiss.	Schwarz.
39.	D h2 — h3	D d4 — c3†
40.	K e1 — f2	S g3 — e4†
41.	f3 — e4:	D c3 — h3:

Nimmt der König den S e2, so giebt die Dame auf d2‡, und geht der König auf g2, so gewinnt Schwarz durch S e2 — f4†.

	Weiss.	Schwarz.
42.	K f2 — e2:	D h3 — g2†

und Schwarz gewinnt.

---

13. Partie.

(Evans Gambit.)

	J. Thompson. Weiss.	P. M. Schwarz.
1.	e2 — e4	e7 — e5
2.	S g1 — f3	S b8 — c6
3.	L f1 — c4	L f8 — c5
4.	b2 — b4	L c5 — b4:
5.	c2 — c3	L b4 — a5
6.	d2 — d4	e5 — d4:
7.	D d1 — b3	D d8 — f6
8.	0 — 0	d7 — d6
9.	e4 — e5	d6 — e5:

	Weiss.	Schwarz.
10.	c3 — d4:	e5 — d4:

Die übliche stärkere Fortsetzung besteht in 10. T f1 — e1. Schwach wäre 10. L c1 — a3 wegen S g8 - e7. Auf jenen Zug (10. T f1 — e1) geschieht am besten L c8 — d7, und es kann dann die Folge sein 11. S f3-e5:, S c6 — e5:; 12. L c4 — f7†, D f6 — f7:; 13. T e1 — e5†, S g8 — e7; 14. L c1 — a3, 0 — 0, 15. T e5 — e7:, D f7 — b3:; 16. a2 — b3:, d4 — c3: u. s. w.

11.	S b1 — d2	S g8 — e7
12.	L c1 — b2	0 — 0
13.	S d2 — e4	D f6 — g6
14.	L e4 — d3	L c8 — f5
15.	S f3 — h4	D g6 — h5
16.	S h4 — f5:	S e7 — f5:
17.	f2 — f4	T f8 — e8
18.	T f1 — f3	S c6 — b4

Auf 18. S e4 — g5 folgt T e8 — e3. Schwarz aber strebt nach Abtausch des gefürchteten weissen Königslaufers.

	Weiss.	Schwarz.
19.	S e4 — g5	S b4 — d3:
20.	D b3 — d3:	D h5 — g6
21.	T f3 — h3	T e8 — e3

Bei L b2 — d4: S f5 — d4:, 22. D d3 — d4: würde Schwarz durch L a5 — b6 gewinnen.

22.	D d3 — b5	T e3 — h3:
23.	D b5 — b7:	T a8 — e8
24.	S g5 — h3:	L a5 — b6
25,	T a1 — f1	S f5 — e3
26.	f4 — f5	D g6. — g4
27.	S h3 — f2	D g4 — e2
27.	T f1 — b1	S e3 — d1

und Schwarz gewinnt.

Glossarium.

1.

Es ist häufig der Wahn zum Ausdruck gelangt, dass die neue Welt nur auf dem Gebiete materieller Interessen dem Geiste des Fortschritts huldige. Enttäuschende Beweise von gleich rapider Entwicklung in rein geistiger Sphäre sollten daher nicht selten das Gefühl höchster Ueberraschung bei uns hervorrufen. Ja wir könnten selbst in mancher Beziehung wohl zu dem Bekenntniss, uns für übertroffen zu erklären, dringende Veranlassung finden, und das gilt z. B. von Musik wie Dichtkunst um so gewisser, als trotz aller nüchternen Anschauung und durch praktische Erfahrung genährter Reflexion dennoch eine Tiefe und Ursprünglichkeit der Empfindung, wie **wir** sie kaum mehr kennen, in transatlantischen Erzeugnissen hervortritt und eine harmonische Wechselwirkung zwischen gereifter Lebenskenntniss und frischem Gefühl in zartester Form sich darstellt. Weitere Erörterungen sind jedoch nicht am Orte, und wir begnügen uns daher mit Andeutung des hervorgehobenen Wahnes wie seiner Enttäuschung, welche jetzt auch auf dem Gebiete des Schach, das gleichmässig theoretische wie praktische und literarische Beziehungen in sich birgt, so deutliche Bestätigung gefunden haben. Es sei hier nur eine Gedankenreihe aus einem illustrirten Amerikanischen Blatte (Frank Leslie's Paper) wiedergegeben, und man wird sich vollkommen von der allgemeinen wie hohen Begeisterung jenseits des Oceans für die geistigen Vorzüge unseres edlen Spieles überzeugen:

> „We have devoted a large portion of our paper to the proceedings of the National Chess Congress, which has just closed its first sitting in our city. This assemblage or at least its transactions will form an era in the history of the delightful game, for there were presented mental phenomena in the assemblage such as must astonish the world. — —
>
> Chess from this time forwards must occupy a more prominent position than it has heretofore done in popular estimation; the admiration for it will now extend to the multitude, instead of being confined, comparatively speaking, to the happy Few. We notice this fact with pleasure, because whereever Chess is adopted as a pastime, its moral and chastening influence is observable; it sheds a charm over social life, and an intense love for it can have no other effect than to refine the heart and elevate the mind."

2.

Unter neubegründeten oder bedeutenderen Schachgenossenschaften der Vereinigten Staaten sind vorzüglich hervorzuheben die Gesellschaften von Albany unter dem Präsidenten Edward Morton, von Baltimore unter A. White, von Belton in Texas, von Boston (in Massachusetts) unter Richardson, von Chicago (in Illinois) unter Burly, von

Cincinnati unter Mackenzie, von Dubuque unter L. Paulsen, von Louisville in Kentucky, von Lynn (in Massachusetts) unter Brown, von Milwaukee unter W. Smith, von Mobile (in Alabama) unter Ayres, von Philadelphia, von Portland unter Gillum, von Sacramento (in Californien) unter B. Brown, von St. Louis unter Hamilton, von San Francisco unter Selim Franklin, von Santa Fe unter Grayson, von Syracuse unter Haskin, und von Winona unter J. Smith. An manchen der genannten Orte finden sich mehrere Gesellschaften, ausserdem noch in vielen Städten zahlreich besuchte öffentliche Schachlokale.

3.

Von den transatlantischen Zeitungen, welche einen Theil ihrer Spalten dem Dienste des Schach widmen, wollen wir nur folgende namhaft machen:

1) Frank Leslie's Illustrirte Zeitung zu New-York, — mit dem jetzigen Schachredacteur T. Frère, früher N. Marache und vor diesem J. A. Fuller.
2) Porter's Spirit of the Times zu New-York, unter der Schachredaction von C. H. Stanley.
3) Albion zu New-York, unter Fr. Perrin.
4) Sunday Delta zu New-Orleans, unter Ch. A. Maurian.
5) American Union zu Boston, unter Loyd.
6) Evening Gazette zu Boston.
7) Lynn News zu Lynn in Massachusetts.
8) Syracuse Standard zu Syracuse.
9) Winona Republican zu Winona in Minnesota.
10) Weekly Dispatch zu Baltimore.
11) Sunday Dispatch zu Cincinnati.

4.

Die grosse Schachassociation der Vereinigten Staaten hat sich die Förderung der Interessen des Schach zur allgemeinen sowie die Berufung und Leitung eines Congresses für alle drei Jahre zur besonderen

Aufgabe gestellt. Sie hat zu eitenden Beamten einen Präsidenten (gegenwärtig Colonel Charles D. Mead in New-York), zwei Vicepräsidenten, zwei Secretäre (L. Elkin aus Pennsylvanien und D. W. Fiske), endlich einen Kassenführer (J. Thompson zu New-York). Ausserdem hat sie ein stehendes Comité für Problemwesen, sowie ein anderes für Gesetzgebung, und zu diesem gehört auch unser Meister Paul Morphy. In ihrem ersten halbjährlichen Bulletin hat die Association unter anderen werthvollen Angaben folgendes Programm mitgetheilt:

> „The assemblage of the first National Chess Congress resulted in the formation of the American Chess association. In entering upon their duties the Committee of Management of this new organization deem it proper to make a statement of what measures are, in their opinion, necessary to render the Association of permanent value, and, through it, to make the game of Chess in America a thoroughly national recreation. The success of the first gathering of American amateurs proves that union and effort on the part of the players and clubs of this country would soon place the game in the same exalted position here that it has so long occupied abroad and make it the universal pastime of the sober, the reflecting and the educated people of the United States. The Committee of Management would therefore call the attention of members of the Association and of all amateurs to the following suggestions:

I. Clubs. — The formation of clubs in all our cities would be a task as easy as it is desirable. There is no town which does not contain a score or two of amateurs and the advantages of association for practise and intercourse must be evident to all. The Committee of Management will at all times be glad to assist in the establishement of these organizations, by giving, through the Corresponding Secretary, all needed information witch regard to chess laws, the purchase of books, boards and men etc.

II. Lectures. — Each club should cause to be delivered every winter one or more public lectures on chess history, chess-literature and so-forth. Oftentimes these lectures might be prepared by some member of the club, resident in the town where they are to be delivered. Bi-monthly lectures, confined to the club, on the openings and ends of games, would rapidly improve the practice of members and prove particularly beneficial and interesting to young players.

III. Chess Monthly. — All lovers of chess should make it their special business to see that the Chess-Monthly is well sustained. The maintenance of such an exponent of American chess ideas, of such a central organ of American chess players, will not only exert a favorable influence upon the progress of chess in this country, but will enhance our chess reputation abroad.

IV. Chess in Newspapers. — The publication of chess matter in the weekly and other newspapers is of course, in our country where the press has so many readers, a powerful method of advaning the interests of the game. Every club should have its peculiar organ of this kind. The regular insertion of a chess department in some one journal in each city could be arranged at little or no expense. It should generally be under the editorial supervision of the Secretary of the club. The Committee will at any time furnish chess-type at founder's prices.

V. Public games. — The playing of matches by correspondance, by telegraph or by consultation between individuals or clubs of different cities would serve, in a large measure, to keep alive and increase the public interest in chess. The games resulting from such matches, if fairly and carefully contested, form the best and most important additions to the literature of practical chess. The close analysis which this branch of chess play requires has often thrown new light upon the various openings. Matches of this character ought always to be conducted in a friendly spirit and the rules which are to govern the players should be unmistakably laid down before commencing.

VI. The Association. — A hearty and cordial support should be given to the American Chess Association. It is intended to make it a living, working institution which shall be both a benefit and an honor to the American chess community Officers of clubs should take pains to see that its list of members — and consequently its influence and means — is largely increased.

Das Festmahl des transatlantischen Schachcongresses fand am Sonnabend, 17. October v. J., im St. Denis-Hotel statt, dessen Eigenthümer, Denis Julien, nicht nur als tüchtiges Mitglied der Schachgesellschaft und als beliebter Problemdichter, sondern auch als gewandter und zuvorkommender Wirth Ruf hat. Die Ausschmückung des Saales erinnerte lediglich an Schachembleme, und selbst die Tafel war mit vielen auf Schach bezüglichen Symbolen geziert. Vor Allem fiel eine ungeheure Torte in die Augen, deren Oberfläche ein Schachbrett aus Zucker mit Schachfiguren von rothem und weissem Candies bildete. Ausserdem fanden sich noch viele kleinere Schachbretter von Zucker, Könige und Damen in Eis, Springer von Gelee, und unter vielen gastronomischen Novitäten aus der Schachwelt wollen wir nur die Beefsteaks à la Staunton und Kartoffeln à la Mac Donnel hervorheben. Der Präsident des Congresses, Judge A. B. Meek, sass oben an der Tafel und neben ihm der Vorsteher des Club zu New York, Colonel D. Mead. Gegen Schluss des Diners nahm der Erstere das Wort und brachte in einer längeren Ansprache unter anderen folgende geistvolle Anspielungen:

„It is not often, at Chess, that I complain of having the first move, but at the present time and under such flattering circumstances, I can scarcely deem it an advantage, for it necessarily places me in a crowded position and forces me to adopt a close rather than a brilliant style of play. Still acknowledging gracefully the full honour of the odds allowed me, I must say that this is to me an occasion of deep and peculiar interest. It has been my fortune in a life of much social experience and adventure, to participate in many pleasant festive occasions; but this superadds to the ordinary charms of convivial intercourse attractive features never presented before. It is the crowning rose in the flowery incidents of the last two weeks. A Chess congress, a Chess tournament, and now a Chess dinner, are hereby occasions of marked and noble delight to the lovers of the noble game. They constitute an era in the social history of our country, for unquestionably the character and progress of their amusements are, in no small degree, an index of the intellectual and moral development of a people. They show the quality and direction of their tastes and sentiments.

What the patriot patron-fathers of our fraternity so anxiously desired, has to some extent been realised in this country. This convocation of Chess magnates from all portions of our Union is an evidence of the wide diffusion of our favorite game among the American people. Here at the call so laudably sent forth from the New York club, have assembled the disciples of Philidor, from every section of our wide and flourishing Republic. They have come, with fraternal impulses, from the auroral hills of New England, the rich regions of the middle States, the flowery prairies of the illimitable West, and from my own golden and sunny section, where the blue waves of the gulf of Mexico swell up a constant choral symphony with the music of our national Union.

They came together as strangers, but they have met as brothers and friends. Ties of congenial taste and sympathy have been established, which will ever be cherished among the most pleasing connections of life, and must exert no insensible influence in eradicating sectional prejudices and uniting each and every part of the country, like the separate squares of the chessboard, in one harmonious whole. — — —

— — — — — — — — — — — — — —

I conclude with an expression of my gratification at the auspicions prospect opened for chess in the United States by the establishment of our National Chess Association. Our players have evinced in the tournament, that they possess skill and science equal to the masters of the Old World; and, ere long, beside the classic names of Staunton, and Anderssen, and von der Lasa, and St. Amant, and Löwenthal, the Muse of Caissa will delight to register those of Morphy and Paulsen and Stanley, and Montgomery, and Lichtenhein, and Hammond, and Mead and others who have nobly won green chaplets by their doughty deeds in the embattled lists of chess, and on the mosaic pavement which she so proudly treads."

5.

Ueber die bedeutenderen Persönlichkeiten des Schachcongresses stellen wir nachfolgende Notizen zusammen:

1. Hon. Alexander B. Meek, Präsident des Congresses, ist bekannt als Jurist, Redner und Dichter. Geboren in Columbia 1814 hat er den grösseren Theil seines Lebens in Alabama zugebracht. Als Jurist verwaltete er die Oberstaatsanwaltschaft im südlichen District von Alabama und bekleidete später daselbst eine Richterstelle. Auch hat er einen Nachtrag zum Codex der Gesetze von Alabama herausgegeben und sich als Mitglied des gesetzgebenden Körpers von Mobile in den Jahren 1853 — 1854 ausgezeichnet, sowie durch erfolgreiche Gründung von Volks- und Freischulen in Alabama verdient gemacht. Durch diese Thätigkeit, sowie vorzüglich durch Entfaltung grosser Rednergabe bei vielen öffentlichen Gelegenheiten sollte er eine hohe

Popularität gewinnen. Auf literarischem Felde hat er durch eine bedeutende Reihe beliebter Vorträge in verschiedenen historischen Gesellschaften Ruf erworben und verdienstliche Forschungen über geschichtliche Entwicklung der südwestlichen Länder herausgegeben. Wir heben vorzüglich das in neuerer Zeit erschienene Werk „Romantic Passages in South-western History“ heraus. Vor drei Jahren veröffentlichte er ein kleines schnell beliebt gewordenes Heldengedicht „The Red Eagle“, welches den Krieg zwischen General Jackson und den Creek-Indianern zur Unterlage hat. Im Sommer v. J. gab er seine Lieder und Dichtungen aus dem Süden („Songs and Poems of the South“) heraus, in denen echt südliche Empfindung im feurigsten Stile hervortritt. — Glücklich verheirathet seit zwei Jahren, lebt er gegenwärtig in Mobile, kommt aber jährlich auf mehrere Monate in die nördlicheren Städte. Von hohem und kräftigem Körperbau, von wohlwollendem und heiterem Wesen weiss er mit Würde und Anstand die Präsidentschaft zu vertreten und hat in dieser Beziehung nicht wenig zu den ausgezeichneten Erfolgen des ersten Congresses Amerikanischer Schachfreunde beigetragen.

2. Colonel D. Mead, früherer Präsident des Club zu New-York, gegenwärtig Präsident der grossen Schach-Association, wird als begeisterter und populärster Freund des edlen Spieles in den Vereinigten Staaten geschildert. Geboren zu New-York, steht er jetzt im Alter von 43 Jahren. Im Columbia-College graduirt, war er zehn Jahre lang praktischer Jurist und ging dann auf mehrere Jahre nach Europa. Hier suchte er als echter fahrender Ritter die Celebritäten des königlichen Spieles aller Länder auf und traf vorzüglich in Paris mit Kieseritzky häufig zusammen. Nirgends glaubt er einen überwiegend stärkeren Gegner gefunden zu haben; nur einmal in Florenz soll ihm ein durchreisender Fremder vorgestellt sein, welcher vollkommene Ueberlegenheit an den Tag legte. Der Herr Colonel glaubt, dass dies kein Anderer als der berühmte Deutsche Meister v. d. Lasa gewesen sein könne.

Im Jahre 1839 gründete er im Verein mit J. Thompson den Schachclub zu New-York, welcher sich zunächst durch eine gegen Norfolk gewonnene Correspondenzpartie auszeichnete. Colonel Mead trat hierauf eine zweite Reise nach Europa an und wurde bei seiner Rückkehr wieder zum Präsidenten der inzwischen bedeutend erweiterten Gesellschaft ernannt. Wie kein Anderer soll er die Liebe zum edlen Spiele warm im Herzen tragen, und wegen dieses weit verbreiteten Rufes wurde ihm unter ausdrücklicher Empfehlung von Seiten des Leiters des Congresses (Judge Meek) das hohe Ehrenamt der Präsidentschaft der Association zu Theil. — In seiner beim Festmahl des Congresses gehaltenen Rede verbreitete er sich ausdrücklich über den socialen Einfluss des Schach und hob hierbei als Resultat seiner vieljährigen Erfahrungen hervor, dass er während eines Vierteljahrhundert viele Tausend Schachspieler sowohl in der alten wie neuen Welt kennen gelernt und Gegner aus fürstlichem Blute wie aus dem Bauernstande getroffen habe, dass ihm aber unter allen keine Persönlichkeit begegnet wäre, welcher er nicht die Hand drücken und brüderlichen Gruss zurufen möchte.

3. Daniel Willard Fiske, Sekretair des Schachcongresses, wurde in der Grafschaft Jefferson geboren und zählt jetzt 25 Jahre. Nach zweijährigen Vorstudien im Hamilton-Colleg ging er 1850 auf drei Jahre nach Europa, um theils die Universitäten Upsala und Copenhagen zu besuchen, theils eine grössere Reise durch Deutschland, England und Frankreich zu unternehmen. Seine Hauptbeschäftigung war das Studium der alten Isländischen, sowie ihrer Schwedischen und Dänischen Tochtersprache, und er gilt jetzt als der ausgezeichnetste Skandinavische Gelehrte in den Vereinigten Staaten. Seit mehreren Jahren bekleidet er die Stelle eines Assistant-Librarian am Astor-Library zu New-York und ist gegenwärtig mit Bearbeitung der Skandinavischen Artikel für Appleton's „American Cyclopedia" beschäftigt.

Erst vor drei Jahren sollte er das Spiel kennen lernen, als ihm beim Studium der Persischen Sprache einige Schachdichtungen in derselben zu Gesicht kamen. Schnell überwand er die Anfangsgründe des Spieles und fand sich im Januar 1856 im Club zu New-York ein, dessen Mitglieder ihm eine Figur vorgaben. So spielte er bis zum Februar v. J., wo er zu aller Ueberraschung in einem kleinen Turnier in der Gesellschaft über acht ihrer stärksten Spieler den ersten Preis davon trug. So unaufhaltsam er im praktischen Spiele vorschritt, so schnell wuchs auch sein Interesse am literarischen Gebiete des Schach, und er besitzt gegenwärtig eine der umfassendsten Schachbibliotheken der Vereinigten Staaten. Im Januar v. J. unternahm er die Gründung der Monatsschrift über Schach, des bekannten Chess Monthly, welches gegenwärtig von allen transatlantischen Schachfreunden als Hauptorgan ihrer Interessen angesehen wird und bereits diesseits des Oceans einen hohen Ruf erlangt hat. Ueber die literarische wie theoretische Gediegenheit dieser Zeitschrift herrscht nur eine Stimme; die Gründlichkeit historischer Forschung, der man in ihr begegnet, übersteigt fast deutsche Gewissenhaftigkeit und zeigt den Autor zuweilen in unserer eigenen Literatur heimischer, als die deutschen Schriftsteller selbst scheinen. Hierzu kommt noch der günstige Umstand, dass sich der energische Herausgeber mit den bedeutenderen Schachautoren Europas in directen brieflichen Verkehr gesetzt hat und weder Zeit noch Mühe zu gründlichen Quellenforschungen, die sein Element bilden, scheut.

Ihm gebührt die Ehre, die nationale Schachversammlung zuerst angeregt und durch seine ausgedehnte Bekanntschaft mit Schachcelebritäten in New-York wie anderen Staaten deren gegenseitige Annäherung bis zu dem glücklichen Resultate des grossen Schachcongresses gefördert zu haben. Trotz seiner hohen Jugend geniesst er bereits einen beneidenswerthen Ruf in der literarischen wie in der Schachwelt, und seine Berufung zu dem wichtigsten, einflussreichsten Amte des Congresses erscheint nur als natürlichste Anerkennung seiner Bildung wie Thatkraft.

4. Louis Paulsen, der zweite Sieger im grossen Turnier, ist ein geborner Deutscher aus Lippe-Detmold, von 24 Jahren, und seit vier Jahren jenseits des Oceans im Staate Jova ansässig. Er hat sich nicht nur durch seine Erfolge im Turnier, sondern auch vorzüglich durch sein wunderbares Talent im Blindlingsspiel ausgezeichnet. In neuester Zeit gelang es ihm, ein volles Dutzend gleichzeitiger Gedächtnisspartien siegreich durchzuführen. Eine ausführliche Schilderung dieser

ausserordentlichen Leistungen, sowie nähere persönliche Angaben hat die Schachzeitung im September 1858 mitgetheilt.

5. C. H. Stanley, geboren in England 1819, erfreute sich viele Jahre hindurch des grössten Rufes in den Vereinigten Staaten auf praktischem wie literarischem Gebiete des Spieles. Er fasste schon in früher Jugend Liebe zum Schach, empfing den ersten Unterricht vom bekannten Meister Popert aus Hamburg und gewann bereits im Alter von achtzehn Jahren unter Vorgabe des Bauers und zweier Züge einen Wettkampf mit Staunton. Nach Ankunft in den Vereinigten Staaten suchte er bald den Schachclub zu New-York auf und blieb gegen dessen sämmtliche Mitglieder im entscheidenden Vortheil. Durch Siege über Schulten, über Rousseau (aus New-Orleans), Turner (aus Kentucky), Hammond (aus Boston), sämmtlich Spieler von hohem Rufe in den Vereinigten Staaten, sollte er das eigene Ansehen dauernd befestigen. Nach einem grösseren Wettkampfe mit Turner, vor acht Jahren in Washington, hielt sich jedoch Stanley, wegen erweiterter Berufsverbindungen, längere Zeit von der Praxis fern und kehrte erst bei Gelegenheit der Durchreise des berühmten St. Amant zum Spiele zurück gegen den er mit vier gegen vier Partien gleich kämpfte.

Stanley war lange Zeit Tonangeber der Schachpresse jenseits des Oceans; er schrieb zuerst Schachartikel für das Journal „The Spirit of the Times“ und gab dann das „New-York Chess Players Magazine“ heraus. Auch lieferte er Schachbeiträge zum Albion und zu den New-York Illustrated News.

Er gilt als Seele und Leben jedes geselligen Kreises und erfreut durch heitere Unterhaltung wie treffenden Witz. Daher ist er wie kein Anderer gewandt und liebenswürdig im Umgange mit Schachgenossen, und nicht minder gleichgültig erleidet er eine Niederlage, als er graziös einen Sieg anzukündigen versteht.

6. Theodor Lichtenhein, geboren zu Königsberg in Preussen 1829, widmete sich anfänglich dem medicinischen Studium, trat dann auf kurze Zeit in den Dienst der Preussischen Armee und ging endlich vor ungefähr sieben Jahren nach New-York. Im Alter von zwölf Jahren erlernte er das Schachspiel und war bereits sechs Jahre später

Präsident eines Königsberger Schachclub. Dann blieb er längere Zeit der Schachpraxis fern und nahm sie erst wieder im Jahre 1856 auf, als er durch ein mehr vorsichtiges und sicheres als glänzendes Spiel in der Gesellschaft zu New-York günstige Erfolge haben sollte. Im grossen Turniere hat er den dritten Preis errungen.

7. Dr. B. J. Raphael aus Kentucky wurde 1818 in Richmond geboren und an der Universität von Virginia graduirt. Er lernte die Elemente des Spieles vom Vater, machte aber anfänglich nur geringe Fortschritte. Erst als er zur Aufnahme seiner medicinischen Studien nach New-York kam und hier den damals in Carlton House sich versammelnden Club aufsuchte, wurde er durch die Schule von Mead, Stanley, Thompson, die ihm eine Figur vorgaben, weiter gebildet. Nach Vollendung seiner Studien und dreijähriger Praxis am New-York-Hospital ging er auf ein Paar Jahre nach Europa, um namentlich in Paris das Charitéwesen näher kennen zu lernen. Hier traf er zuweilen im Café de la Régence mit St. Amant und Kieseritzky zusammen; auch war er im Winter des Jahres 1843 ein Augenzeuge des Kampfes zwischen Staunton und St. Amant.

Nach Rückkehr in die Vereinigten Staaten liess er sich als praktischer Arzt und Docent am Colleg in Louisville (in Kentucky) nieder und nahm zugleich eine Stellung an der Charité daselbst an. Im Jahre 1845 betheiligte er sich an Gründung der Schachgesellschaft, welche sehr bald, im Verein mit den Clubs zu Lexington und Frankfort, durch Einrichtung der bekannten alljährlich in den Badeorten Kentucky's stattfindenden Schachturniere sich verdient machen sollte. Unterstützt durch Mr. Ballard führte er zwei Correspondenzpartien gegen den Club zu Lexington sowie verschiedene Wettkämpfe mit Hülfe des elektrischen Telegraphen gegen Frankfort, Cincinnati, Nashville und andere Städte. Im Frühjahre 1857 siedelte er nach New-York über und geniesst hier einer ausgebreiteten medicinischen Praxis. Im Turnier sollte ihm der vierte Preis zu Theil werden.

8. W. J. A. Fuller, der frühere verdienstliche Schachredacteur des Illustrirten New-Yorker Blattes, hat ein buntes, vielbewegtes Leben geführt. Im Polarmeer hat er mit Wallfischen gekämpft, durch grosse

Ströme ist er um eines Wettgebotes, aber am Niagarafall einmal auch um des Lebens willen, geschwommen. Eine Zeit lang war er Schulmeister und Zeitungsredacteur im fernen Westen; später sollte er auf dem Wege nach Californien durch endlose Wildniss sich verirrend alles, nur nicht das Leben, verlieren und dann mit M. Godard, dem bekannten Luftschiffer, im Ballon hoch über irdischem Treiben Champagner trinken. Schliesslich hat er die Geschäfte einer Rechtsanwaltschaft mit grossem Erfolge übernommen, und obwohl jetzt Diener einer Gottheit mit verbundenen Augen, ist er selbst dennoch wegen allezeit offenen Auges für die Vortheile seiner Clienten berühmt. Von starkem und festem Körperbau, von grosser Ausdauer und klarem Verstande kennt er kein Hinderniss in dem, was er einmal unternommen, mag er nun einem Freunde Beistand leisten, eine Partie Schach spielen, Einwendungen der Gegenpartei bekämpfen oder eine politische Rede halten. — Von seiner geistigen Bildung kann die beim Festmahl des Schachcongresses gehaltene Ansprache Zeugniss ablegen, aus der wir einen kurzen Auszug mitgetheilt haben.

9. N. Marache, bekannt als praktischer Meister, wie als Problemkünstler, war eine Zeit lang Nachfolger von Fuller in Redaction der Schachartikel des Illustrirten New-Yorker Blattes. Geboren 1818 zu Meaux im Departement der Seine und Marne, kam er bereits als 13jähriger Knabe nach Amerika. Aber erst im Alter von 26 Jahren sollte er das Schach kennen und seine Elemente in einer Viertelstunde begreifen lernen. Er war entzückt von dem Spiele und verschaffte sich sofort einige Schachwerke, darunter ein Paar Bände der Englischen Zeitschrift (Chess Players Chronicle) und das Lehrbuch von Lewis. Binnen drei Wochen konnte er seinem ersten Lehrmeister, mit dem er noch kaum zuvor unter Vorgabe der Dame gespielt hatte, einen Thurm vorgeben. Den vorzüglichsten Einfluss auf Ausbildung seines Spieles übte aber Mr. D. S. Roberts, dessen Stärke er jedoch ebenfalls sehr bald erreichen sollte.

Im Jahre 1845 wandte er sich zur Composition von Aufgaben, und seine ersten Produkte erschienen in dem Spirit of the Times. Seit dieser Zeit sind gegen 100 Probleme von ihm veröffentlicht worden.

Ein Jahr später gründete er die erste Amerikanische Schachzeitung, unter dem Titel „The Chess Palladium and Mathematical Sphynx", von der indess nur drei Hefte zum Dasein gelangten. Bei Reorganisation des New-Yorker Schachclubs durch Fr. Perrin meldete sich Marache zum Mitgliede, nachdem er kurz zuvor einen Sieg über Stanley davongetragen hatte. Im Jahre 1856 gewann er den ersten Preis in einem Turniere der Gesellschaft, bestehend in einem Silberpokal, und galt von da ab als erster Spieler des Club.

10. Frederick Perrin, geboren in London, stammt aus einer Schweizerfamilie und ist gegenwärtig 42 Jahr alt. Seit seiner Jugend war er in allen Spielen, deren Element Geschicklichkeit bildet, zu Hause, vor allen aber liebte er das Schach. Im Alter von 14 Jahren wurde er auf ein Gymnasium in der Schweiz gebracht und hatte hier nur geringe Gelegenheit zur Pflege seines Lieblingsspieles. Später sehen wir ihn in einer geschäftlichen Stellung in London wieder und seine Mussestunden Schachkämpfen im Cigar Divan widmend. Hier traf er mit vielen Spielern von Europäischem Rufe zusammen und hatte zum gewöhnlichen Gegner den verstorbenen Mr. Daniels, welcher bei allen Englischen Schachfreunden wegen seiner brillanten Spielweise beliebt war.

Kurz nach seiner Ankunft in Amerika, im Jahre 1845, begann er noch ernstlicher die Uebung des Schach und genoss die Gegnerschaft vieler bekannten Meister in Philadelphia, vorzüglich des verstorbenen Mr. Vezin. Später nahm er eine Stellung am Princeton College als Professor der neueren Sprachen ein und spielte fast täglich mit Eugene B. Cook, dessen ausgezeichnete Problemdichtungen bei allen Anhängern Caissa's hohe Anerkennung gefunden haben. Im Jahre 1853 ging er von Princeton College ab, kehrte in New-York zum geschäftlichen Leben zurück und befindet sich jetzt in höchst günstigen Umständen. Mehrere Jahre hindurch kam der Club in seinem Wohnhause zusammen, und er selbst galt sowohl als angenehmer Gegner wie als thätiger Sekretair der von ihm reorganisirten Gesellschaft. Gegenwärtig macht er sich durch Herausgabe gediegener Schachartikel im Albion verdient.

11. James Thompson, geboren zu London 1805, kam im Alter von zehn Jahren mit seinen Eltern, welche sich in der Grafschaft Susquehanna ansiedelten, nach den Vereinigten Staaten und lebt seit 1826 in New-York. Bereits von acht Jahren lernte er die Anfangsgründe des Spieles kennen, seine ernstere Uebung aber erst seit dem Jahre 1836, als Mr. Bassford ein Schachlokal in Fulton Street eröffnete. Es trat hier ein Club von ungefähr vierzig Mitgliedern zusammen, welcher nach späterer Reorganisation seine Versammlungen in Barclay Street verlegte, wo auch die Präliminarpartien zwischen Stanley und Schulten gespielt wurden. Bald darauf kam der Club in Perrin's Hause zusammen und hatte zu dieser Zeit als bedeutendsten Vorkämpfer den Mitbegründer Thompson. Als St. Amant durch New-York kam und der Gesellschaft ein vollständiges Exemplar seines Palamède abliess, gewann Thompson dieses Werk in dem deshalb veranstalteten Turniere. Bei seiner Anwesenheit in Europa im Jahr 1840 und 1850 hatte er Gelegenheit, gegen hundert Partien mit Kieseritzky, welcher ihm Bauer und Zug vorgab, zu spielen und das Glück, die Mehrzahl davon zu gewinnen. Er gilt als ein höchst brillanter Spieler, und wäre ihm nicht gleich im ersten Gange des grossen Turnieres die Gegnerschaft des ersten Siegers zu Theil geworden, so würde er gewiss Manchem der anderen Preisträger den Rang streitig gemacht haben.

12. Die übrigen Theilnehmer am grossen Turniere sind Hardman Philips Montgomery, ein junger Jurist von 24 Jahren, aus Philadelphia, sodann W. S. Allison aus Minnesota, welcher L. Paulsen zuerst in die Amerikanische Schachwelt einführte, ferner S. R. Calthrop aus Connecticut, Hiram Kennicott aus New-York (gegenwärtig zu Chicago in Illinois ansässig), endlich R. Knott aus Brooklyn (New-York).

Fünftes Kapitel.

Paul Morphy's Siege in New York.

Das grosse Turnier des Schachcongresses hatte Paul Morphy nicht nur den höchsten Triumph, sondern auch allgemeine Anerkennung der bedeutenden Ueberlegenheit seiner Spielstärke gebracht.

Als Ehrenpreis wurde ihm ein massiv silberner Tafelaufsatz überreicht, dessen einzelne Stücke je eine besondere Schachzeichnung eingravirt tragen. Davon enthält der Untersatz eine Darstellung des entscheidenden Endkampfes zwischen den beiden ersten Gewinnern mit einer passenden Inschrift.

Die höhere Errungenschaft wurde dem Preisträger in dem vollen Bewusstsein von seiner Leistungskraft zu Theil, und auch sie sollte ihren Ausdruck, wie ihr Prämium in einem neuen glänzenden Triumphe finden.

Am Schlusse des Congresses richtete nämlich der Sieger eine Herausforderung an die Mitglieder der Gesellschaft zu New York und proponirte einen Wettkampf unter Vorgabe von Bauer und Zug um 100 Dollars für die ersten sieben Gewinnspiele. Mr. C. H. Stanley, der bekannte in hohem Rufe stehende Meister Amerika's, nahm die Proposition an und erlitt eine vollständige Niederlage. Denn abgesehen von einem Remisspiele verlor er hinter einander vier Partien und gab dann verzweifelnd den Kampf selbst auf. Es ist natürlich, dass die in den Räumen des New York Club gespielten Partien eine unermessliche Menge von Zuschauern herbeizogen und das Gefühl allgemeiner Bewunderung wie unerschütterlichen Vertrauens auf die glänzende Kraft des Meisters unwandelbar befestigten.

Nach diesem überraschenden Triumphe ging der Sieger noch weiter und stellte die gedachten Bedingungen jedem Spieler der Vereinigten Staaten. Sein Name war aber bereits zu gefürchtet, als dass selbst unter jenen für den Partner so günstigen Modilitäten abermals ein solcher sich eingefunden hätte.

Desto freiere Muse blieb dem kühnen Provokanten, im Schoosse der Schachgesellschaft zu New York gegen viele einzelne bedeutende Meister die Wunder seines Genius glänzen zu lassen und die Möglichkeit noch nie gekannter, wahrhaft staunenswerther Resultate zu verwirklichen.

Denn von fünfundachtzig in einigen Wochen mit mehreren starken Spielern gemachten Partien sollte er nur vier verlieren, darunter eine gegen Mr. Hammond aus Boston, welcher seinerseits sieben verlor, eine gegen L. Paulsen, welcher achtmal unterlag, eine gegen Mr. Stanley, welcher mit zwölf Spielen im Nachtheil blieb, endlich die letzte gegen den bekannten tüchtigen Meister W. Schulten, welcher die fast unglaubliche Niederlage von dreiundzwanzig Partien erlitt.

Unter anderen Siegen gegen verschiedene Mitglieder der Gesellschaft zu New York wollen wir nur drei Gewinnspiele gegen D. W. Fiske und die gleiche Anzahl gegen N. Marache, sowie acht Gewinnspiele gegen J. Thompson hervorheben.

Eine speciellere Uebersicht der einzelnen Kämpfe soll im Glossar zusammengestellt werden, und einige Proben jener Kämpfe werden die nachfolgenden Partien präsentiren.

Die ganze Reihe der oben gedachten Spiele, sowie noch eine andere nicht minder zahlreiche Summe von Vorgabespielen ist in der kurzen Zeit von Anfang November bis Mitte December v. J. vollendet worden. Um diese Zeit, am 17. December, verliess der Meister den Schauplatz seines Ruhmes, um nach der Vaterstadt zurückzukehren. Herzliche Glückwünsche geleiteten ihn, nachdem am Tage zuvor ihm zu Ehren ein grosses Festessen als Abschiedsmahl stattgefunden hatte.

I. Partien gegen C. H. Stanley.

14. Partie.

(Italiänische Partie.)

	Stanley. Weiss.	P. M. Schwarz.
1.	e2 — e4	e7 — e5
2.	S g1 — f3	S b8 — c6
3.	L f1 — c4	L f8 — c5
4.	c2 — c3	S g8 — f6
5.	d2 — d3	d7 — d6
6.	h2 — h3	0 — 0
7.	L c1 — g5	L c5 — b6
8.	S b1 — d2	L c8 — e6
9.	0 — 0	h7 — h6
10.	L g5 — h4	K g8 — h8
11.	S f3 — h2	g7 — g5

Dieses Vorrücken der Flügelbauern gehört zu den Lieblingscombinationen des Meisters.

	Weiss.	Schwarz.
12.	L h4 — g3	h6 — h5
13.	S h2 — f3	h5 — h4
14.	S f3 — h4:	g5 — h4:
15.	L g3 — h4:	K h8 — g7

Man sieht, wie der Meister die entblössten Rochadelinien sofort zum Gegenangriff zu benutzen weiss.

	Weiss.	Schwarz.
16.	D d1 — f3	T f8 — h8
17.	D f3 — g3†	K g7 — f8
18.	D g3 — g5	S f6 — d7
19.	L c4 — e6:	f7 — e6:
20.	D g5 — d8:	S c6 — d8:
21.	S d2 — f3	K f8 — g7
22.	g2 — g4	S d7 — f8
23.	K g1 — g2	S f8 — g6
24.	L h4 — g5	S d8 — f7

Sicherer wäre wohl L h4 — g3.

	Weiss.	Schwarz.
25.	h3 — h4	S f7 — g5:

	Weiss.	Schwarz.
26.	h4 — g5:	S g6 — f4†
27.	K g2 — g3	T h8 — h3‡

Auch K g2 — g1 würde wegen T h8 — h3 nebst T a8 — h8 die Partie nicht mehr gerettet haben.

---

15. Partie.

Aus dem Wettkampf mit Vorgabe von Bauer und Zug.

(Schwarz giebt Bauer f7 vor.)

	Stanley.	P. M.
	Weiss.	Schwarz.
1.	e2 — e4	e7 — e6
2.	d2 — d4	d7 — d5
3.	e4 — e5	c7 — c5
4.	L c1 — e3	D d8 — b6

Besser wäre 4. c2 — c3 mit Rücksicht auf e5. Vgl. dagegen Zug 9, Partie 2.

5.	b2 — b3	S b8 — c6
6.	S g1 — f3	c5 — d4:

Auf 6. c2 — c3 würde jetzt Abtausch auf d4 und dann L f8 — b4† zu Gunsten des Nachziehenden erfolgen.

7.	L e3 — d4:	S c6 — d4:
8.	S f3 — d4:	L f8 — c5
9.	c2 — c3	S g8 — e7

9. L f1 - b5† würde jetzt nach K e8 - d8 Officierverlust für Weiss zur Folge haben.

10.	L f1 — b5†	S e7 — c6
11.	L b5 — c6†	b7 — c6:
12.	D d1 — h5†	g7 — g6
13.	D h5 — g4	0 — 0
14.	0 — 0	L c8 — a6

Schwarz giebt hier mit Vorbedacht den Königsbauer auf, um zu dem nachfolgenden Angriff zu gelangen.

	Weiss.	Schwarz.
15.	D g4 — e6†	K g8 — h8
16.	T f1 — d1	T a8 — e8
17.	D e6 — g4	T e8 — e5:

Bei D e6 — c6: geht mindestens ein Officier verloren.

18.	S b1 — d2	L a6 — c8
19.	D g4 — g3	L c5 — d6
20.	D g3 — d3	L c8 — a6
21.	D d3 — c2	T e5 — h5

Jetzt ist die weisse Dame vom Königsflügel entfernt, und Schwarz kann nun ungehindert zum Angriff gegen denselben vorgehen.

22.	S d2 — f3	c6 — c5

Das Beste wäre h2 — h3, da auch bei S d4 — f3 Schwarz in Vortheil kommt durch L d6 — h2†; 23. S f3 — h2: D b6 — f2† 24. K g1 - h1 T f8 - f4 etc.

23.	S d4 — e2	T f8 — f3:

Dieses Opfer gehört zu den eigenthümlichen Pointen im Stile des Meisters. Vgl. Zug 17, Partie 12.

	Weiss.	Schwarz.
24.	g2 — f3:	D b6 — d8
25.	c3 — c4	T h5 — h2:

Auf S e2 — g3 würde Schwarz durch D d8 — h4 in wenigen Zügen gewinnen.

	Weiss.	Schwarz.
26.	T d1 — d5:	D d8 — h4
27.	D e2 — e3†	K h8 — g8
28.	S e2 — g3	D h4 — h3

und Schwarz gewinnt.

II. Gegen W. Schulten.

16. Partie.

(Mittelgambit gegen Königsgambit.)

	W. Schulten. Weiss.	P. M. Schwarz.
1.	e2 — e4	e7 — e5
2.	f2 — f4	d7 — d5
3.	e4 — d5:	e5 — e4

Dieser starke, zuerst von den Herren Falkbeer und Lederer empfohlene Zug (e5 — e4) könnte durch 3. S g1—f3 umgangen werden, welcher Springer bei d5 — e4: auf e5 eine vortheilhafte Position einnehmen würde.

4.	S b1 — c3	S g8 — f6
5.	d2 — d3	L f8 — b4
6.	L c1 — d2	e4 — e3

Ein Beispiel der dem genialen Stile des Meisters so eigenthümlichen Baueropfer.

7.	L d2 — e3:	0 — 0

Auf 7. D d1 — e2 würde Schwarz mit entscheidendem Vortheil rochiren.

8.	L e3 — d2	L b4 — c3:
9.	b2 — c3:	T f8 — e8†
10.	L f1 — e2	L c8 — g4

Es droht D d8 — d5: mit dem Angriff auf g2, weshalb 11. h2 — h3 unterbleibt.

	Weiss.	Schwarz.
11.	c3 — c4	c7 — c6
12.	d5 — c6:	S b8 — c6:
13	K e1 — f1	T e8 — e2:
14.	S g1 — e2:	S c6 — d4
15.	D d1 — b1	L g4 — e2†
16.	K f1 — f2	S f6 — g4†
17.	K f2 — g1	

Auf 17. K f2 — g3 folgt Matt in zwei Zügen. Nach 17. K f2 — g1 bietet sich folgende Position dar:

Schw.

W.

Schwarz am Zuge erzwingt das Matt in spätestens sieben Zügen.

Die Partie giebt ein Zeugniss von der gesunden und rapiden Entwicklung in Morphy's Spiel, sowie von der energischen Consequenz in Verfolgung der Schwächen des Gegners bis zu dessen Erdrückung.

17. Partie.

(Mittelgambit gegen Laufergambit.)

	W. Schulten.	P. M.
	Weiss.	Schwarz.
1.	e2 — e4	e7 — e5
2.	f2 — f4	e5 — f4:
3.	L f1 — c4	d7 — d5
4.	e4 — d5:	L f8 — d6

Stärker scheint 4. L c4 — d5: S g8 — f6 nebst 5. S g1 — f3 oder 5. D d1 — f3.

5.	S b1 — c3	S g8 — f6
6.	d2 — d4	0 — 0
7.	S g1 — e2	f4 — f3

Wieder ein für den Stil des Meisters charakteristisches Baueropfer.

8.	g2 — f3:	S f6 — h5
9.	h2 — h4	T f8 — e8
10.	S c3 — e4	L d6 — g3†
11.	K e1 — d2	L g3 — d6

Auf 11. K e1—f1 könnte T e8 — e4: mit Vortheil geschehen.

12.	K d2 — c3	b7 — b5

Das bekannte Baueropfer.

	Weiss.	Schwarz.
13.	L c4 — b5:	c7 — c6
14.	S e4 — d6:	D d8 — d6:
15.	L b5 — a4	L c8 — a6
16.	T h1 — e1	S b8 — d7
17.	b2 — b3	S d7 — b6
18.	L a4 — c6:	T a8 — c8
19.	K c3 — d2	T c8 — c6:

Auf 19. K c3 — b2 würde T c8 — c6: 20. d5 - c6: L a6 — e2: 21. T e1 - e2: S b6 — a4† Schwarz zum Siege führen.

20.	d5 — c6:	L a6 — e2:
21.	T e1 — e2:	D d6 — d4†
22.	K d2 — e1	D d4 — g1†
23.	K e1 — d2	T e8 — d8†
24.	K d2 — c3	D g1 — c5†
25.	K c3 — b2	S b6 — a4†

Aufgegeben.

18. Partie.

(Evans Gambit.)

	P. M.	W. Schulten.
	Weiss.	Schwarz.
1.	e2 — e4	e7 — e5
2.	S g1 — f3	S b8 — c6
3.	L f1 — c4	L f8 — c5
4.	b2 — b4	L c5 — b4:
5.	c2 — c3	L b4 — c5
6.	0 — 0	d7 — d6
7.	d2 — d4	e5 — d4:
8.	c3 — d4:	L c5 — b6
9.	S b1 — c3	L c8 — g4

Dieser Springerzug und das Vorrücken des Damenbauers 9. d4 — d5 bilden die vom Meister empfohlenen Fortsetzungen des Angriffs.

Die Entgegnung L c8 — g4 wird gleichfalls vom Meister für die beste Antwort gehalten.

10.	L c4 — b5	L g4 — f3:

Besser wäre hier L g4 — d7, wie Morphy selbst anräth.

Auf a7 — a6 aber würde Weiss mit 11. L b5 — a4, L b6 — a5, 12. La4 — c6† b7 — c6:, 13. D d1 — a4, La5 — c3:; 14. D a4 - c6† L g4 — d7; 15. D c6 — c3 in Vortheil kommen.

	Weiss.	Schwarz.
11.	g2 — f3:	K e8 — f8
12.	L c1 — e3	S c6 — e7
13.	K g1 — h1	c7 — c6
14.	L b5 — a4	d6 — d5
15.	T a1 — b1	T a8 — b8
16.	D d1 — d3	L b6 — c7
17.	T f1 — g1	S e7 — g6
18.	e4 — e5	D d8 — h4
19.	L e3 — g5	D h4 — h3
20.	S c3 — e2	f7 — f6
21.	S e2 — f4	S g6 — f4:
22.	L g5 — f4:	g7 — g5
23.	D d3 — a3†	K f8 — e8
24.	T b1 — b7:	T b8 — b7:
25.	L a4 — c6†	K e8 — f7
26.	L c6 — d5†	K f7 — g6
27.	D a3 — f8	D h3 — d7

Auf T b7 — b8 folgt 28. D f8 — f6†, S g8 — f6:, 29. T g1-g5†, K g6-h6; 30. T g5 — g4†, K h6 — h5; 31. L d5 — f7‡.

28.	L d5 — b7:	L c7 — d8
29.	e5 — f6:	L d8 — f6:
30.	L h7 — e4†	K g6 — h5
31.	L f4 — e3	h7 — h6
32.	T g1 — g3	L f6 — g7
33.	D f8 — f7†	und Weiss

gewinnt.

19. Partie.

(Spanische Partie.)

	P. M.	W. Schulten.
	Weiss.	Schwarz.
1.	e2 — e4	e7 — e5
2.	S g1 — f3	S b8 — c6
3.	L f1 — b5	L f8 — c5
4.	c2 — c3	S g8 — e7
5.	0 — 0	0 — 0
6.	d2 — d4	e5 — d4:
7.	c3 — d4:	L c5 — b6
8.	d4 — d5	S c6 — b8

Das Vorrücken des Damenbauers, welches in dieser Eröffnung von der Theorie angerathen wird, entspricht der üblichen Praxis des Meisters, der es auch im italiänischen Spiele wie im Evans-Gambit häufig anzuwenden beliebt.

9.	d5 — d6	c7 — d6:
10.	L c1 — f4	L b6 — c7

Die Theorie liess hier früher gewöhnlich den Damenbauer sofort mit 10. D d1 — d6: nehmen und auf L b6—c7 die Dame nach a3 zurückgehen. Der hier gewählte Entwicklungszug harmonirt aber mit des Meisters rapider Figurentwicklung, und man findet diese Combination überhaupt zuerst empfohlen in meinen Schachpartien unter Anm. 4. zu Nr. 19, S. 51.

	Weiss.	Schwarz.
11.	S b1 — c3	a7 — a6
12.	L b5 — c4	b7 — b5
13.	L c4 — b3	L c8 — b7
14.	L f4 — d6:	L c7 — d6:
15.	D d1 — d6:	h7 — h6
16.	T a1 — d1	S e7 — c8
17.	D d6 — f4	S c8 — b6
18.	S f3 — e5	D d8 — f6
19.	D f4 — f6:	g7 — f6:
20.	S e5 — g4	K g8 — g7
21.	S g4 — f6:	L b7 — c6
22.	e4 — e5	a5 — a4
23.	T d1 — d3	T f8 — h8
24.	S c3 — d5	S b6 — c4
25.	L b3 — c4:	b5 — c4:
26.	T d3 — g3†	K g7 — f8
27.	S d5 — b6	T a8 — a7
28.	T f1 — d1	L c6 — b5
29.	T d1 — d4	T a7 — c7

30. T d4 — g4 und Weiss gewinnt.

III. Gegen verschiedene Spieler der Gesellschaft zu New York.

20. Partie.

(Sicilianische Eröffnung.)

	P. M.	F. Perrin.
	Weiss.	Schwarz.
1.	e2 — e4	c7 — c5
2.	S g1 — f3	e7 — e6
3.	d2 — d4	c5 — d4:

Man vergleiche hier die Bemerkungen zum 2. und 3. Zuge der 8. Partie.

4.	S f3 — d4:	S b8 — c6
5.	L c1 — e3	S g8 — f6

In keiner Eröffnung ist rapide Figurenentwicklung von grösserem Vortheile als gerade in der sicilianischen Partie. Man merke deshalb auf die nächsten Entwicklungszüge des Meisters.

6.	L f1 — d3	L f8 — b4†
7.	c2 — c3	L b4 — a5
8.	0 — 0	L a5 — b6
9.	S b1 — d2	S c6 — e5
10.	L d3 — e2	d7 — d5
11.	f2 — f4	S e5 — c6
12.	e4 — e5	L b6 — d4:
13.	c3 — d4:	S f6 — d7
14.	L e2 — d3	f7 — f5
15.	g2 — g4	g7 — g6

Dieser Flügelangriff gehört zu dem eigenthümlichen Typus des Meisters und ist im gegenwärtigen Falle vollkommen correct.

	Weiss.	Schwarz.
16.	g4 — f5:	e6 — f5:
17.	K g1 — h1	S d7 — f8
18.	T a1 — c1	S f8 — e6
19.	L d3 — f5:	S e6 — d4:

Bei g6 — f5: folgt 20. D d1—h5, und Schwarz würde sich bei seiner bedrängten Stellung nicht lange mehr halten können.

20.	L f5 — c8:	T a8 — c8:
21.	f4 — f5	S d4 — f5:

Wieder ein Baueropfer im eigenthümlichen Stile des Meisters zur Erzwingung offener Angriffslinien für die Wirksamkeit der Officiere.

Für Schwarz wäre hier vielleicht die Ausführung der Rochade noch das Rathsamste.

22.	T f1 — f5:	g6 — f5:
23.	D d1 — h5†	K e8 — d7
24.	D h5 — f7†	D d8 — e7

Bei S c6 — e7 giebt Weiss in zwei Zügen Matt.

25.	e5 — e6†	K d7 — d8

26. L e3 — g5 und Weiss gewinnt.

21. Partie.

(Evans Gambit.)

	N. Marache.	P. M.
	Weiss.	Schwarz.
1.	e2 — e4	e7 — e5
2.	S g1 — f3	S b8 — c6
3.	L f1 — c4	L f8 — c5
4.	b2 — b4	L c5 — b4:
5.	c2 — c3	L b4 — a5
6.	d2 — d4	e5 — d4:
7.	e4 — e5	d7 — d5

Das Vorrücken des Königsbauers in diesem frühen Stadium der Partie ist ebenso ungewöhnlich wie schwach und wird vom Nachziehenden mit gewohnter Energie widerlegt.

8.	e5 — d6:	D d8 — d6:
9.	0 — 0	S g8 — e7
10.	S f3 — g5	0 — 0

Statt dieser schwachen Springerattaque hätte L c1 — a3 nebst 11. T f1 — e1 einen nachhaltigeren Angriff gegeben.

11.	L c4 — d3	L c8 — f5

Schwarz giebt die Qualität auf, um zum Gegenangriff überzugehen und die Bauerübermacht auf dem linken Flügel besser zu verwerthen.

12.	L d3 — f5:	S e7 — f5:
13.	L c1 — a3	D d6 — g6
14.	L a3 — f8:	D g6 — g5:
15.	L f8 — a3	d4 — c3:

	Weiss.	Schwarz.
16.	L a3 — c1	D g5 — g6
17.	L c1 — f4	T a8 — d8
18.	D d1 — c2	S c6 — d4

Schw.

W.

In dieser Position ist die Wahl der Züge für Weiss sehr beschränkt. Auf 19. T f1 — d1 würde S f5 — e3; 20. D c2 — g6:, S d4 - e2†; 21. K g1 - h1, T d8 - d1‡ entscheiden. Bei 19. D c2 - a4 aber könnte b7 — b5 geschehen und die Fortsetzung 20. D a4 — a5:, S d4 - e2†; 21. Kg1 — h1, S e2 - f4:; 22. T f1 — g1, T d8-d1; 23. g2 - g3, D g6 — c6†; 24. f2 - f3, D c6 — f3‡ oder 22. g2 - g3, D g6 - c6†; 23. f2 — f3, D c6-f3†; 24. T f1 - f3:, T d8 — d1† Schwarz zum Siege führen. In der Partie geschah

19.	D c2 — e4	S f5 — g3
20.	D e4 — g6:	S d4 — e2‡

22. Partie.

(Vorgabe des Damenspringers.)

(Der weisse Damenspringer b1 ist vorweg vom Brett zu nehmen.)

	P. M. Weiss.	Denis Julien. Schwarz.
1.	e2 — e4	e7 — e5
2.	f2 — f4	e5 — f4:
3.	S g1 — f3	g7 — g5
4.	L f1 — c4	L f8 — g7
5.	0 — 0	h7 — h6
6.	c2 — c3	d7 — d6
7.	D d1 — b3	D d8 — e7
8.	d2 — d4	c7 — c6

Hier wäre S b8 - c6 der bessere Zug.

9.	L c1 — d2	S b8 — d7
10.	T a1 — e1	S d7 — b6
11.	L c4 — d3	L c8 -- g4
12.	a2 — a4	L g4 — f3:
13.	T f1 — f3:	S b6 — d7
14.	D b3 — b7:	T a8 — b8
15.	D b7 — c6:	T b8 — b2:

Weiss. Schwarz.

Schw.

W.

	Weiss.	Schwarz.
16.	e4 — e5	T b2 — d2:
17.	D c6 — c8†	D e7 — d8
18.	e5 — d6†	L g7 — e5
19.	T e1 — e5†	S d7 — e5:
20.	L d3 — b5†	Aufgegeben.

---

23. Partie.

(Vorgabe des Damenspringers.)

	P. M. Weiss.	Ein Mitglied des Schachclubs zu New York. Schwarz.
1.	e2 — e4	e7 — e5
2.	f2 — f4	e5 — f4:
3.	S g1 — f3	g7 — g5
4.	L f1 — c4	g5 — g4
5.	d2 — d4	g4 — f3:

	Weiss.	Schwarz.
6.	0 — 0	L f8 — h6

Hier wäre d7 — d5 der geeignete Gegenzug.

7.	D d1 — f3:	S b8 — c6
8.	L c4 — f7†	K e8 — f7:
9.	D f3 — h5†	K f7 — g7

	Weiss.	Schwarz.
10.	L c1 — f4:	L h6 — f4:
11.	T f1 — f4:	S g8 — h6
12.	T a1 — f1	D d8 — e8
13.	D h5 — h4	d7 — d6
14.	D h4 — f6†	K g7 — g8
15.	D f6 — h6:	L c8 — d7
16.	T f4 — f3	S c6 — e7
17.	h2 — h4	S e7 — g6
18.	h4 — h5	L d7 — g4
19.	h5 — g6:	h7 — g6:

Auf L g4 — f3: würde 20. g6 - g7 folgen; nach h7 — g6: ergiebt sich folgende Position:

Schw.

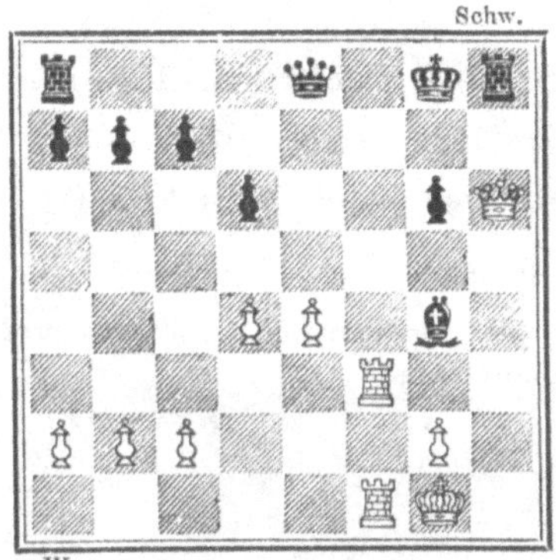

W.

Weiss setzt in drei Zügen Matt.

20. T f3 — f8† D e8 — f8:
21. T f1 — f8† T a8 — f8:
22. D h6 — g6‡.

24. Partie.
(Vorgabe des Damenspringers.)

	P. M.	—y.
	Weiss.	Schwarz.
1.	e2 — e4	e7 — e5
2.	S g1 — f3	S g8 — f6
3.	d2 — d4	e5 — d4:
4.	e4 — e5	D d8 — e7
5.	L f1 — e2	S f6 — e4
6.	0 — 0	d7 — d5
7.	e5 — d6:	S e4 — d6:
8.	T f1 — e1	L c8 — e6
9.	L c1 — g5	D e7 — d7
10.	S f3 — e5	D d7 — c8
11.	L e2 — h5	L f8 — e7
12.	L g5 — e7:	K e8 — e7:

Schw.

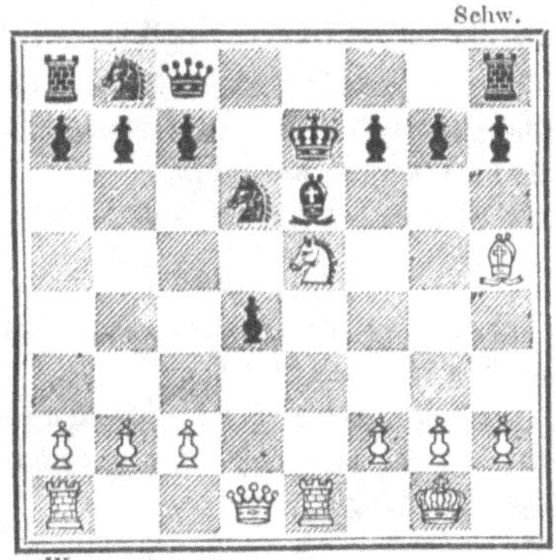

W.

	Weiss.	Schwarz.
13.	S e5 — f7:	S d6 — f7:
14.	L h5 — g4	S f7 — d8
15.	D d1 — d4:	T h8 — g8
16.	T e1 — e6†	S c8 — d6:
17.	T a1 — e1	S b8 — c6

Weiss.	Schwarz.
18. D d4 — c5†	K e7 — f6
19. D c5 — f5†	K f6 — e7
20. T e1 — e6† und Weiss gewinnt.	

Die entscheidende Fortsetzung könnte sein:

20. . . . . D c8 — e6:

Nothwendig, da bei K e7 — d8 Weiss sofort durch D f5 — g5† den Sieg erzwingt.

21. D f5 — e6† K e7 — f8
22. D e6 — f5† K f8 — e7
23. D f5 — d7† K e7 — f8

Bei K e7 — f6 giebt Weiss in drei Zügen mit der Dame auf h5 Matt.

24. L g4 — e6 S c6 — e5
25. D d7 — c7: u. s. w.

25. Partie.

(Vorgabe des Damenspringers.)

P. M.	—z.
Weiss.	Schwarz.
1. e2 — e4	e7 — e5
2. S g1 — f3	S b8 — c6
3. d2 — d4	S c6 — d4:
4. S f3 — e5:	S d4 — e6
5. L f1 — c4	S g8 — f6

Besser scheint d7—d6; das nun folgende Opfer soll zuerst von Cochrane angerathen sein.

6. S e5 — f7:	K e8 — f7:
7. L c4 — e6†	K f7 — e6:

Man sieht, dass bei d7-e6: Weiss durch 8. D d1—d8:, L f8 — b4†; 9. D d8 — d2 oder 9. L c1 — d2, T h8— d8:; 10. L d2 — b4: die geopferte Figur zurückgewinnt.

8. e4 — e5	L f8 — c5
9. 0 — 0	S f6 — d5
10. D d1 — g4†	K e6 — e5:

Besser wäre K e6 — f7, doch Schwarz versucht die Officierübermacht zu behaupten.

11. L c1 — g5	D d8 — f8
12. T a1 — d1	K e5 — d6

Man beachte, wie der Positionsvortheil vom Meister ohne vorzeitige Uebereilung mit höchster Energie ausgebeutet wird.

Weiss.	Schwarz.
13. D g4 — e4	D f8 — f7
14. c2 — c4	K d6 — c6
15. T d1 — d5:	K c6 — b6
16. T d5 — c5:	c7 — c6

Es leuchtet ein, dass Wegnahme des Thurmes die Katastrophe beschleunigen würde.

17. D e4 — e5	T h8 — e8

Schw.

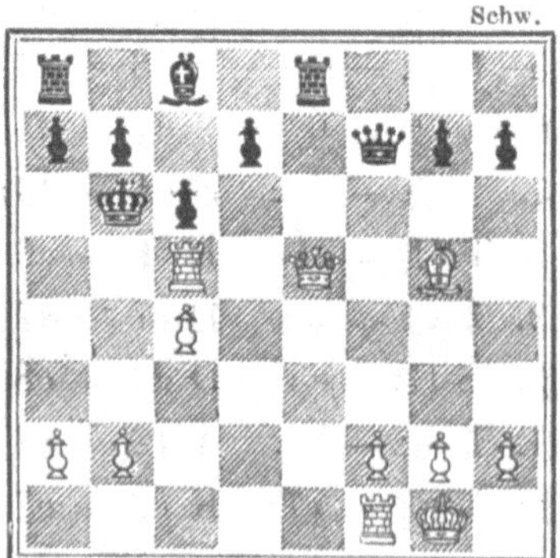

W.

Weiss setzt in vier Zügen Matt.

18. T c5 — b5† K b6 — a6
Falls c6 — b5: so 19. L g5 - e3† nebst 20. c4 — b5‡ oder 20. D e5 - b5‡

19. T b5 — a5† K a6 — b6
20. L g5 — e3† c6 — c5
21. D e5 — c5‡.

IV. Gegen verschiedene Spieler aus den Vereinigten Staaten.

26. Partie.

(Italiänische Partie.)

George Hammond aus Boston. Weiss.		P. M. Schwarz.
1.	e2 — e4	e7 — e5
2.	S g1 — f3	S b8 — c6
3.	L f1 — c4	L f8 — c5
4.	c2 — c3	S g8 — f6
5.	d2 — d4	e5 — d4:
6.	e4 — e5	d7 — d5

Man sieht, wie der Meister stets die stärksten, von der Theorie ausdrücklich empfohlenen, Spielarten wählt.

	Weiss.	Schwarz.
7.	L c4 — b3	S f6 — e4

Gewöhnlich geschieht L c4 – b5, und die Unterlassung dieses Zuges giebt dem Gegner später Gelegenheit zu freier Benützung seines Damenspringers, welche der Meister im entscheidenden Augenblicke brillant zur Geltung bringt.

	Weiss.	Schwarz.
8.	c3 — d4:	L c5 — b6
9.	0 — 0	L c8 — g4
10.	L c1 — e3	0 — 0
11.	D d1 — d3	L g4 — f3:
12.	g2 — f3:	S e4 — g5
13.	D d3 — f5	S c6 — d4:

Weiss. Schwarz.

Wir erinnern hier an den Schluss der vorstehenden Anmerkung.

	Weiss.	Schwarz.
14.	L e3 — d4:	L b6 — d4:

Auf 14. L e3 - g5: würde Schwarz bei S d4 — f5:, 15. L g5 - d8:, T a8 - d8: oder bei S d4 — f3†; 15. D f5 - f3:, D d8 — g5:†; 16. D f3 — g3 etc. mit einem resp. zwei Bauern im Vortheil bleiben

	Weiss.	Schwarz.
15.	S b1 — c3	g7 — g6
16.	D f5 — g4	h7 — h5
17.	D g4 — g2	L d4 — e5:

Auf 17. D g4 — d4: entscheidet S g5 — f3 und auf 17. D g4 — g3 kann L d4 — e5: geschehen.

	Weiss.	Schwarz.
18.	S c3 — d5:	c7 — c6
19.	T f1 — e1	T f8 — e8
20.	f3 — f4	c6 — d5:
21.	f4 — e5:	S g5 — e6
22.	D g2 — d5:	D d8 — d5:
23.	L b3 — d5:	S e6 — f4

Man sieht, wie der Meister stets nach eigener Führung des Angriffs, resp. nach Aufnahme des Gegenangriffs trachtet.

	Weiss.	Schwarz.
24.	L d5 — b7:	T a8 — b8
25.	L b7 — c6	T e8 — e6
26.	L c6 — d7	T e6 — e7
27.	T a1 — d1	T b8 — b2:

Hierauf kann Weiss dem ferneren Verluste kaum entgehen. Sein folgender Fehlzug entscheidet aber sofort zu Gunsten des energischen Gegners die Partie.

	Weiss.	Schwarz.
28.	T e1 — e4	T e7 — d7:

Aufgegeben.

---

27. Partie.

(Kieseritzky-Gambit.)

L. Elkin aus Philadelphia. — P. M.

	Weiss.	Schwarz.
1.	e2 — e4	e7 — e5
2.	f2 — f4	e5 — f4:
3.	S g1 — f3	g7 — g5
4.	h2 — h4	g5 — g4
5.	S f3 — e5	S g8 — f6
6.	L f1 — c4	d7 — d5
7.	e4 — d5:	L f8 — d6
8.	d2 — d4	S f6 — h5
9.	D d1 — d2	D d8 — e7

Ein von Weiss zwar originelles aber kaum empfehlenswerthes Manöver zum Platzwechsel des Königspaares. Stärker wäre 9. L c4—b5† Man vergleiche den Artikel von Springsfeld im August der Schachzeitung von 1858, sowie die später folgende erste Partie zwischen Harrwitz und Morphy.

	Weiss.	Schwarz.
10.	K e1 — d1	0 — 0
11.	D d2 — e1	T f8 — e8
12.	S e5 — d3	D e7 — d8
13.	D e1 — c3	g4 — g3
14.	S b1 — d2	L c8 — g4†
15.	S d2 — f3	S b8 — d7
16.	L c4 — b5	T e8 — e7

Dieser Angriff nebst dem folgenden Abtausche erleichtert nur die Entwicklung des Nachziehenden, welcher diesen Vortheil sofort in bekannter Energie ausbeutet.

	Weiss.	Schwarz.
17.	L b5 — d7:	D d8 — d7:
18.	L c1 — d2	T a8 — e8
19.	T h1 — e1	L g4 — f3‡
20.	g2 — f3:	D d7 — h3
21.	S d3 — e5	g3 — g2
22.	L d2 — f4:	S h5 — f4:
23.	D c3 — e3	L d6 — e5:
24.	d4 — e5:	T e8 — e5:
25.	D e3 — f4:	T e5 — d5‡

Aufgegeben.

28. Partie.

(Schottisches Gambit.)

Hiram Kennicott aus Illinois.	P. M.
Weiss.	Schwarz.
1. e2 — e4	e7 — e5
2. S g1 — f3	S b8 — c6
3. d2 — d4	e5 — d4:
4. L f1 — c4	L f8 — c5
5. S f3 — g5	S g8 — h6
6. S g5 — f7:	S h6 — f7:
7. L c4 — f7†	K e8 — f7:
8. D d1 — h5†	g7 — g6
9. D h5 — c5:	d7 — d6
10. D c5 — b5	T h8 — e8
11. 0 — 0	T e8 — e4:
12. D b5 — d5†	T e4 — e6
13. L c1 — g5	D d8 — e8

Bis hierher hat Weiss die Partie richtig und consequent geführt. Der nun folgende Angriff des f Bauern scheint aber vorzeitig, und es sollte die rapide Fortentwicklung des Spieles durch S b1 — d2 etc. vorgezogen werden. Man vergleiche die Anmerkung zum 10. Zuge der 4. Partie und prüfe folgende Variante: 11. 0 — 0, T e8 — e4:; 12. L c1 — g5, D d8 - e8; 13. S b1 — d2, T e4 — e5; 14. D b5 — b3†, L c8 — e6; 15. D b3 — g3, und dann erst f2 — f4 resp. S d2 - f3 etc.

Weiss.	Schwarz.
14. f2 — f4	K f7 — g7
15. f4 — f5	g6 — f5:

Auf T e6 — e5 könnte 16. f5 - f6†, K g7 — h8; 17. f6 — f7 folgen.

16. D d5 — f5:	T e6 — g6
17. L g5 — f6†	K g7 — g8
18. D f5 — f4	L c8 — h3

Man sieht, wie der Meister selbst in bedrängter Lage jede nur irgend sich bietende Möglichkeit zur eigenen Aufnahme des Angriffes zu nutzen versteht.

19. L f6 — g5	D e8 — e3†

Der für Schwarz entscheidende Zug, welcher die frühere Bemerkung über vorzeitige Bewegung des f Bauer bestätigt.

20. D f4 — e3:	d4 — e3:
21. g2 — h3:	T g6 — g5†
22. K g1 — h1	e3 — e2
23. T f1 — e1	S c6 — d4
24. S b1 — a3	T a8 — e8

Aufgegeben.

V. Consultationspartie.

Diese Partie, welche von der berathenden Partei meisterhaft gespielt ist, kann als ein Muster an Correctheit und als ein Beispiel der wenigen vom Meister verlorenen Partien gelten.

29. Partie.

(Zweispringerspiel.)

D. W. Fiske. F. Perrin. J. A. Fuller.	P. M.
Weiss.	**Schwarz,**
1. e2 — e4	e7 — e5
2. S g1 — f3	S b8 — c6
3. L f1 — c4	S g8 — f6
4. S f3 — g5	d7 — d5
5. e4 — d5:	S c6 — a5
6. d2 — d3	

Ueblicher ist 6. L c4 — b5†; der hier gewählte Zug des Damenbauers ist zuerst vom Autor in der Magdeb. Schachzeitung (1849. S. 37) vorgeschlagen und mit der Fortsetzung L f8 — c5; 7. 0 — 0, 0 — 0; 8. c2 — c3, S a5 — c4:; 9. d3 — c4:, L c8 - g4 etc. begleitet.

6.	h7 — h6

Besser wäre L f8 — c5 oder L f8 — d6.

7. S g5 — f3	e5 — e4
8. D d1 — e2	S a5 — c4:
9. d3 — c4:	L f8 — c5
10. h2 — h3	0 — 0

Weiss trifft hier den besten Zug, welcher indirect seinen Vortheil dauernd sicher stellt.

Weiss	Schwarz.
11. S f3 — h2	S f6 — h7
12. L c1 — e3	L c5 — d6
13. 0 — 0	D d8 — h4
14. f2 — f4	e4 — f3:
15. S h2 — f3:	D h4 — h5
16. S b1 — c3	T f8 — e8
17. D e2 — f2	S h7 — f6
18. L e3 — d4	S f6 — e4
19. S c3 — e4:	T e8 — e4:
20. T a1 — e1	L c8 — f5
21. T e1 — e4:	L f5 — e4:
22. S f3 — h4	T a8 — f8

Besser wäre wohl f7 — f5.

23. c4 - c5	L d6 — e5
24. L d4 — e5:	D h5 — e5:
25. c2 — c4	g7 — g5
26. S h4 — f3	L e4 — f3:
27. g2 — f3:	T f8 — e8
28. f3 — f4	D e5 — e3
29. f4 — g5:	h6 — g5:
30. D f2 — e3:	T e8 — e3:
31. K g1 — g2	K g8 - g7
32. d5 — d6	c7 — d6:
33. c5 — d6:	T e3 — d3
34. c4 — c5	K g7 — g6

Weiss.	Schwarz.	Weiss.	Schwarz.
35. Tf1 — f3	Td3 — d2†	43. Tc7 — c8	Th8 — d8
36. Kg2 — g3	f7 — f5	44. Tc8 — d8:	Ke7 — d8:
37. Tf3 — b3	f5 — f4†	45. c5 — c6	a7 — a5
38. Kg3 — f3	Td2 — h2	46. b2 — b3	Kd8 — e7
39. d6 — d7	Th2 — h3†	47. a2 — a3	Ke7 — d8
40. Kf3 — e4	Th3 — h8	48. b3 — b4	a5 — b4:
41. Tb3 — b7:	Kg6 — f6	49. a3 — b4:	Aufgegeben.
42. Tb7 — c7	Kf6 — e7		

Glossarium.

1.

Man vergleiche als Beleg folgende Notiz aus der Amerikanischen Monatsschrift (The Chess Monthly) vom Januar 1858, S. 29:

> „After the close of the congress Mr. Morphy, by a note to the Mr. Secretary Perrin, proffered the odds of the Pawn and Move to any player of the New York Club. This challenge was accepted by Mr. C. H. Stanley and a match was arranged, Mr. Morphy giving the above-named odds, for one hundert dollars a side. The first winner of seven games was to be considered the winner of the match, but after playing five, the score standing Morphy four, Stanley, none and drawn one, Mr. Stanley through his second resigned the contest. Mr. Morphy's second was Mr. T. J. Bryan, who acted in the same capacity for Mr. Staunton at the time of the great match between England and France; Mr. Bailey was Mr. Stanley's second.* The games were chiefly played at the rooms of the New York Club and drew an immense concourse of observers. We regret to state that the play of Mr. Stanley, on account of indisposition and

want of practice, was not of that strength and brilliancy, which he evinced in former years in his matches with Mr. Rousseau, Mr. Turner etc.

We desire to state that Mr. Morphy extends the challenge sent to the New York Club so as to comprise all the leading practitioners of the United States. He proffers any American player the odds of the Pawn and Move and will always be glad to arrange a match upon those terms.

Mr. Morphy left New York on the Seventeenth of December. On the previous evening a large number of the chessplayers of the Metropolis gave him a farewell Dinner."

2.

Uebersicht der von Paul Morphy im Herbst 1857 zu New York gespielten Partien.

(Die erste Zahl bezeichnet die Verlustpartien Morphy's, die zweite seine Gewinnpartien, die eingeklammerte Zahl die Remisspiele.)

A. Gleichauf gespielte Partien.

a. Gegen Spieler der Gesellschaft zu New York.

C. H. Stanley	1	—	12.	
J. W. Schulten	1	—	23.	
J. Thompson	0	—	8.	
Th. Lichtenhein	0	—	4.	(3)
D. W. Fiske	0	—	3.	
N. Marache	0	—	3.	
W. J. A. Fuller	0	—	2.	
M. Solomons	0	—	2.	
C. D. Mead	0	—	1.	
F. Perrin	0	—	1.	(2)
B. J. Raphael	0	—	1.	
D. Parry	0	—	1.	
	2	—	61.	(5)

Transport der gespielten Partien	2	—	61	(5)
b. Gegen andere Spieler aus den Vereinigten Staaten.				
L. Paulsen aus Dubuque	1	—	8.	(3)
G. Hammond aus Boston	1	—	7.	
A. B. Meek aus Alabama	0	—	5.	
L. Elkin aus Philadelphia	0	—	1.	
H. P. Montgomery do.	0	—	1.	
H. Kennicott aus Illinois	0	—	1.	
S. R. Calthrop aus Connecticut	0	—	1.	
Gleichauf gespielte Partien	4		85.	(8)
B. Vorgabe von Bauer und Zug.				
N. Marache	0	—	3.	(2)
C. H. Stanley	0	—	4.	(1)
C. Vorgabe von Bauer und zwei Zügen.				
F. Perrin	2	—	8.	
H. Richardson	1	—	3.	
D. Vorgabe von Bauer und drei Zügen.				
T. J. Bryan	2	—	8.	
E. Vorgabe des Damenspringers.				
D. Julien	3	—	10.	(3)
T. J. Bryan	18	—	30.	(7)
F. Perrin	9	—	17.	(3)
A. Reif	1	—	7.	(1)
A. King	0	—	2.	
M. Mantin	0	—	1.	
M. Solomons	0	—	0.	(1)
F. Vorgabe des Damenthurms.				
A. Perrin	0	—	9.	
M. Mantin	0	—	1.	
T. M. Brown	0	—	1.	
Latus	40		189.	(26)

Transport	40	189.	(26)
G. Blindlingsspiele.			
L. Paulsen	0 —	2.	
H. Consultationspartie.			
Fiske, Fuller und Perrin	1 —	0.	
Summa	41	191.	(26)

Die Gesammtsumme ergiebt eine Anzahl von 258 Partien, welche der Meister in der verhältnissmässig unglaublich kurzen Zeit von zwei Monaten sämmtlich gespielt hat.

Sechstes Kapitel.

Paul Morphy in New Orleans.

Mit begeistertem Willkommen wurde Paul Morphy bei seiner Rückkehr in die Heimath von der Schachgesellschaft zu New Orleans in Empfang genommen. Es herrschte nur ein Gefühl, das des freudigsten Stolzes auf die Landsmannschaft des jungen Helden, auf die Ehre, unter seiner Präsidentschaft um die Fahnen des Schach sich zu sammeln. Fremde und Gäste drängten schaarenweise in die Säle der Gesellschaft, ihre Mitgliederzahl stieg von Tag zu Tage, und sehr bald mussten geräumigere Lokalitäten gesucht werden.

Zwar sollte der junge Präsident im eigenen Club kaum einigermassen würdige Gegner finden, desto günstigere Gelegenheit aber, seinen Genius in überraschenden Wendungen brillanter Vorgabepartien und in klarster Führung siegreichen Gedächtnissspieles zu entfalten. 1)

Angeregt durch die Erfolge L. Paulsen's, welcher auf dem Schachcongress fünf Partien zu gleicher Zeit ohne Ansicht des Brettes gespielt hatte, versuchte der junge Meister zunächst die Leitung zweier, sodann dreier Gedächtnissspiele und führte diese im Januar d. J. vor einer zahlreichen Zuschauermenge mit vollkommener Sicherheit in seinem gewohnten genialen Stile durch.

Bald ging er weiter und spielte vier, sodann fünf, endlich sechs Partien, sämmtlich in unglaublich kurzer Zeit mit derselben Stärke und Eleganz wie am Brette und ohne jede Ermüdung nach beendeter Production.

Von den vier, am 10. März, während dreier Stunden vollendeten Spielen gewann er drei und schloss das letzte mit Remis; in den anderen Fällen blieb er sogar über sämmtliche Gegner, welche aus den besten Spielern des Club gewählt waren, siegreich. 2)

Ausser solchen Triumphen im Schoosse der Schachgesellschaft hielt er ihre Fahne als unüberwindlicher Vorkämpfer mit kräftiger Hand gegen durchreisende Gäste von hohem Rufe aufrecht, und hierbei gewährte er selbst anerkannten Meistern der Vereinigten Staaten mit Glück bedeutende Vorgaben. Mr. W. W. Montgomery aus Georgia und Mr. Worrall aus Mexiko (ein früherer Gegner Staunton's) sollten beide die hohe Ueberlegenheit des jungen Meisters erfahren. Gegen ersteren verlor dieser nur eine von funfzehn Partien und darunter war in neun der Springer gegeben; gegen letzteren erstritt er von funfzehn Spielen mit gleicher Vorgabe die Mehrzahl. 3)

Dennoch bedurfte es aller dieser Siege nicht mehr, um die Begeisterung für das Genie bis zum höchsten Stolzgefühl, bis zum lautesten Ausdruck jenes immer drängenderen Wunsches zu steigern, den jungen Helden im Kampfe mit fremdländischen Meistern neue Lorbeeren erringen und das Maass der Triumphe vollenden zu sehen.

Noch immer genoss in der öffentlichen Meinung weiterer Schachkreise jenseits des Oceans der Englische Altmeister Howard Staunton vor anderen Europäischen Spielern eines vorzugsweise hohen und verbreiteten Rufes. Mit besonderer Vorliebe war sein dem deutschen Werke nachgebildetes Handbuch in der neuen Welt aufgenommen, und seine persönliche

Verherrlichung durch die britischen Landsleute hatte schon frühe in Amerikanischen Schachkreisen lauten Wiederhall gefunden. So galt denn die nächste Fehde dem Englischen Veteranen, da seine Niederlage in der Meinung der neuen Welt der erste entscheidende Triumph über die alte sein musste.

Familienverhältnisse hielten damals den jungen Meister von Ausführung des Planes zurück und legten einer Reise nach Europa noch Schwierigkeiten in den Weg. Aber die allgemeine Begeisterung für den geschilderten Wunsch war so mächtig, dass man blind gegen offenbare Bedenken dem fremden Altmeister das Ansinnen zur Fahrt über den Ocean stellte, dass man einem alten Magnaten, dem jungerstandenen Meister entgegenzukommen, proponirte. Eine so harte Zumuthung mochte immerhin durch andere noch so günstige und humane Bedingungen gemildert werden, dennoch konnten sie wohl nicht den mangelnden Tact des unpassenden Verlangens ersetzen. Auch verdient die Ueberzeugung Ausdruck, dass vor dem ritterlichen Sinn des jungen Meisters selbst der Vorschlag seiner Gesellschaft eine nüchterne Prüfung wohl kaum bestanden haben mag.

Der Club zu New Orleans war aber zu begeistert, als dass er einer ruhigen und langsamen Entwicklung der Verhältnisse gewichen wäre. Der lebhaft gehegte Wunsch sollte ohne Zögern verwirklicht, die alte Welt im Sturme genommen werden. Ein deutliches Zeugniss giebt das an den Englischen Meister gerichtete Schreiben, welches noch immer als geklärter, gesetzter Ausdruck der allgemeinen Stimmung aufgefasst werden muss.

New-Orleans, im Februar 1858.

An Howard Staunton, Esqu.

Werthgeschätzter Herr! Im Namen und Auftrag des Schachclub zu New-Orleans haben wir, das unterzeichnete Comité, die Ehre, Sie zu einem Besuche in unsere Stadt sowie zu einem Schachkampfe hierselbst mit Herrn Paul Morphy einzuladen.

Bei Erfüllung dieses Auftrages sei die Bemerkung gestattet, dass uns ebenso der Wunsch beseelt, einen Meister, den wir schon geraume Zeit hindurch bewundert haben, persönlich kennen zu lernen, wie uns das höchst natürliche Verlangen treibt, die Stärke unserer Amerikanischen Spieler an dem entscheidenden Massstabe praktischer Wettkämpfe zu erproben.

Es ist uns kein stichhaltiger Grund bekannt, weshalb eine so geistige und edle Beschäftigung wie das Schach von jenem noblen Wetteifer zwischen alter und neuer Welt auf allen Gebieten wissenschaftlicher und industrieller Thätigkeit ausgeschlossen bleiben sollte. Wenn der Geist dieser Concurrenz anjetzt noch nicht unser ritterliches Spiel erfasst hatte, so lag wohl der Grund in einer noch unbekannten gegenseitigen Abschätzung der vereinzelten, seit fünfzehn Jahren so bedeutend angewachsenen, Schachkräfte der Vereinigten Staaten sowie in dem daraus folgenden Mangel der unbestrittenen Anerkennung einer vorherrschend ersten Grösse.

Dieser Mangel ist jetzt durch den neulich abgehaltenen Schachcongress gehoben und hiermit das Verlangen um so mächtiger geworden, durch praktische Kämpfe mit den Schachmatadoren Europa's den Rang der Amerikanischen Spieler im Schachreiche zu ermitteln.

Zu diesem Zwecke war der Plan gefasst, dass Mr. Morphy, der Sieger im Congress und gegenwärtige Schachheld Amerika's, den Ocean durchkreuzen und die hervorragenden Magnaten der Europäischen Schachwelt herausfordern sollte. Es tritt jedoch leider der unglückliche Umstand dazwischen, dass wichtige Familienbedenken Mr. Morphy zur Zeit noch von der gedachten Reise nach Europa zurückhalten.

Wir sehen uns desshalb veranlasst, auf irgend einem anderen Wege ein Zusammentreffen zwischen ihm und dem anerkannten Vorkämpfer Europa's zu arrangiren; in Betracht dieses letzteren aber haben wir weder Wahl noch Zögerung nöthig. Die allgemeine Stimme ruft uns Ihren Namen entgegen und wir wünschen uns Glück, das transatlantische Schachscepter in den Händen eines Mannes zu sehen, welcher in Rücksicht auf gegenseitige Beziehungen zwischen den beiden Ländern, sowie aus noch anderen Gründen in seiner Person so günstige Eigenschaften für unsere Einladung wie kein anderer Europäischer Spieler vereinigt.

Wir nehmen uns die Freiheit, einen Entwurf von Kampfbedingungen anzufügen und erklären dabei ausdrücklich, dass sie nur zu dem Zwecke einer Förderung der betreffenden Correspondenz vorgelegt werden. Unser Streben ging dahin, den Inhalt dieser Vorlage so billig als möglich zu fassen und von vornherein alle etwa möglichen Streitpunkte zu berücksichtigen.

Wir sprechen die ergebene Bitte aus, jede Aenderung die Sie für rathsam erachten, vorbringen zu wollen, und zwar sowohl in Betreff der unbedeutenderen Punkte, wie in Ansehung der Einsatzsumme, des Anfangstermines u. s. w. Auch erkennen wir bereitwillig den von Ihnen im Turnierbuche gemachten Vorschlag an, bei Wettkämpfen die Hälfte der Partien oder selbst alle im Voraus als offene Spiele zu bedingen, und wir ersuchen Sie, nach Gutdünken eine solchen Clausel in den Entwurf einschalten zu wollen.

Zum Schluss wollen Sie, geschätzter Herr, die Versicherung genehmigen, dass es uns ein ausserordentliches Vergnügen gewähren würde, einen Mann unter uns zu bewillkommnen, dessen Spielstärke ebenso sehr bewundert wird, wie seine werthvollen Leistungen in der Schachliteratur hohe Anerkennung gefunden haben.

In der Hoffnung auf baldgeneigten günstigen Bescheid verbleiben wir mit ausgezeichneter Hochachtung

Ihre ganz ergebenen

E. W. Halsey,
Francis Michinard,
G. Pandely,
P. E. Bonford,
Ch. A. Maurian, Jr.

Der diesem Schreiben angefügte Entwurf von Kampfbedingungen enthält folgende Propositionen:

1) Der Einsatz soll von jeder Seite 5000 Dollars betragen und der Gewinn von elf Spielen entscheiden.

2) Die Wettpartien sollen in New Orleans gespielt werden.

3) Im Falle des Verlustes soll der Englische Meister aus den Einsätzen 5000 Dollars als Vergütung für die Reisekosten erhalten.

4) Als Gesetze sollen die in Staunton's Handbuch niedergelegten Vorschriften maassgebend sein.

5) Es soll mit Staunton chess men von gewöhnlicher Grösse auf einem entsprechenden wohlproportionirten Brette gespielt werden.

(Herr Staunton wird hier zugleich ersucht, ein Spiel solcher Art mitzubringen.)

6) Der Wettkampf soll am 1. Mai oder zu irgend einer anderen Herrn Staunton im Laufe dieses Jahres genehmen Zeit begonnen und wöchentlich in nicht weniger als vier Sitzungen fortgesetzt werden.

Zur Abkürzung seines Aufenthaltes soll der englische Meister berechtigt sein, die Spielstunden auf die Zeit von 10 bis 2 Uhr Vormittags und 6 bis 10 Uhr Nachmittags auszudehnen.

8) Die Bedenkfrist für den einzelnen Zug darf nie eine halbe Stunde überschreiten.

9) Die Verfügung über das Publicationsrecht in Betreff der gespielten Partien bleibt gemeinsamer Uebereinkunft der beiden Spielenden vorbehalten.

10) Vor Beginn des Wettkampfes werden die Einsätze deponirt und zwar der des Herrn Staunton in die Hände von —, und der für Mr. Morphy bei Mr. Eugene Rousseau, Rendant an der Bank von Louisiana.

Abgesehen von dem zweiten Satze, welcher dem freiwillig Herausgeforderten nicht einmal eine beschränkte Wahl in Betreff des Ortes gestattet, lässt sich keineswegcs ein durchgehends nobler Charakter in den proponirten Bedingungen verkennen. 4) Wundersam erscheint es aber, wie das jungaufstrebende Amerika bei einem Kampfe, der ihm erst allgemeine Anerkennung bringen sollte, von vornherein ein Entgegenkommen der alten Meisterschaft erwarten und dabei zugleich den ebenfalls ins Spiel kommenden Nationalstolz ausser Acht lassen konnte. Die naheliegende Erklärung eines berechneten Angriffes auf Europäische Gutmüthigkeit wollen wir indess nicht vertreten, vielmehr uns mit der oben geschilderten hohen Begeisterung als ausschliesslicher Quelle für die erfolgte Herausforderung begnügen. Die ablehnende Antwort des Englischen Meisters lautete folgendermassen:

London, 3. April 1858.

Meine Herren. Auf Ihre für mich so schmeichelhafte Einladung zu einer Reise nach New-Orleans, um mit Herrn Paul Morphy in einem Schachkampfe zusammenzutreffen, wollen Sie die Erklärung entgegennehmen, dass schon seit mehreren Jahren Berufspflichten mir den Rücktritt von der ernsteren Schachpraxis auferlegt haben und dass sie gerade jetzt so dringend sind, dass ich mit grosser Anstrengung von acht Tagen kaum einen zur Erholung erübrigen kann.

Unter solchen Umständen werden Sie ohne Weiteres begreiflich finden, wie ein langer und zäher Wettkampf selbst hier in London ein zu bedeutendes Unternehmen sein würde, als dass ich ohne hinreichende Gelegenheit zum Wiedergewinn meiner früheren Stärke und ohne solche Anordnungen, welche einer Aufopferung meiner Berufsgeschäfte vorbeugen würden, mich darauf einlassen könnte. Jenen Kampf aber in einem fremden, mehrere tausend Meilen entfernten Lande zu unternehmen, könnte mir höchstens im Traume möglich erscheinen.

Mit freundlichem Grusse an den mir gestellten Gegner, dessen Genie und Liebe zum Spiel Niemand besser zu schätzen vermag und unter Anerkennung der mir erwiesenen Ehre, einem solchen Helden mich zum Partner auszuwählen, unterzeichne ich als

Ihr ganz ergebenster
H. Staunton.

An die Herren
Halsey, Maurian, Bonford,
Michinard, Pandely,
zu New-Orleans.

So war denn der junge Meister abermals und nicht mit Unrecht darauf gewiesen, die Bestätigung seiner Meisterschaft durch die alte Welt in dieser selbst zu erstreiten. Zugleich giebt die Antwort des Engländers einem Bekenntnisse Ausdruck, welches für die zu suchende Anerkennung nur günstig erscheinen konnte. Denn der hervorgehobene Mangel an Praxis und früherer Spielstärke steht im Einklang mit dem Verlust des Europäischen Schachscepters überhaupt, auf dessen ausschliessliche Herrschaft der Englische Meister wohl nie mit Recht hatte Anspruch erheben können. War ihm auch einst der Sieg über St. Amant gelungen, so bot doch dieser äussere Erfolg bei mancherlei Nebenumständen noch keinen entscheidenden Maassstab; auch hatte bereits zu jener Zeit die Berliner Schule zum Mindesten ebenbürtige Kräfte hervorgebracht, und der Ausgang des grossen Europäischen Turnieres im Jahre 1851 zu London sollte noch durch ganz andere Resultate überraschen. 5)

Der Sieg über den Englischen Altmeister allein, so hohe Befriedigung er vielleicht den Amerikanischen Landsleuten geboten hätte, würde also dem jungen Meister in den Augen der alten Welt noch nicht den höchsten Triumph gesichert haben. Insofern kann die ablehnende Antwort, da sie den jungen Helden zur eigenen Fahrt über den Ocean wenigstens indirect provocirte und hierdurch die Möglichkeit zu Kämpfen mit allen angesehenen Meistern der alten Welt näher führte, nur als günstige Wendung für das ruhmlustige Genie in gleichem Grade gelten, wie sie nach Lage der Sache an sich begründet erscheinen muss.

I. Vorgabepartien.

30. Partie.

(Vorgabe des Damenthurms.)

	P. M.	Ch. A. Maurian.
	Weiss.	Schwarz.
1.	e2 — e4	e7 — e5
2.	f2 — f4	e5 — f4:
3.	L f1 — c4	D d8 — h4†
4.	K e1 — f1	b7 — b5
5.	L c4 — b3	S g8 — f6
6.	S g1 — f3	D h4 — h6
7.	S f3 — e5	d7 — d5
8.	S b1 — c3	L f8 — d6
9.	d2 — d4	S f6 — e4:

Es entsteht eine interessante Verwicklung im Centrum, deren Lösung zum Vortheile des weiter rechnenden Spielers endet.

	Weiss.	Schwarz.
10.	S c3 — e4:	L d6 — e5:
11.	L b3 — d5:	c7 — c6
12.	d4 — e5:	c6 — d5:
13.	S e4 — d6†	K e8 — d7
14.	D d1 — d5:	K d7 — c7
15.	c2 — c4	D h6 — e6

Ein wiederholtes Beispiel der Angriffssicherung durch vorhergehende Bauerzüge.

	Weiss.	Schwarz.
16.	D d5 — a8:	S b8 — c6
17.	c4 — b5:	D e6 — d5
18.	D a8 — c6†	D d5 — c6:
19.	b5 — c6:	K c7 — c6:
20.	L c1 — f4:	T h8 — d8
21.	K f1 — f2	L c8 — e6
22.	T h1 — c1†	K c6 — b6
23.	L f4 — e3†	K b6 — a6

Schw.

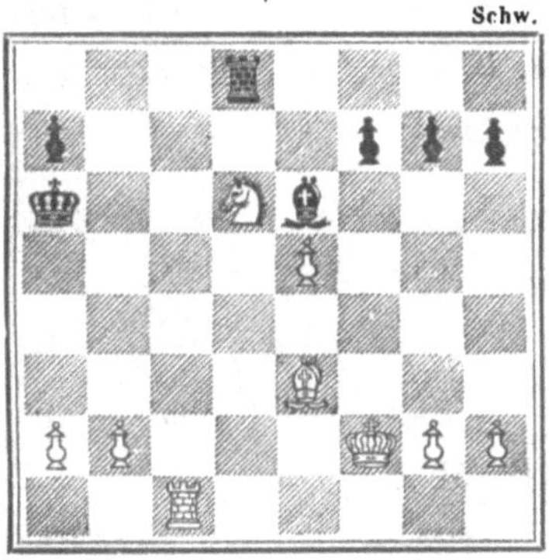

W.

Weiss giebt in drei Zügen Matt.

24.	T c1 — c6†	K a6 — a5
25.	L e3 — d2†	K a5 — a4
26.	T c6 — a6‡.	

---

31. Partie.

(Vorgabe von Damenspringer und Anzug.)

	Ch. A. Maurian. Weiss.	P. M. Schwarz.
1.	e2 — e4	e7 — e5
2.	f2 — f4	e5 — f4:
3.	S g1 — f3	g7 — g5
4.	h2 — h4	g5 — g4
5.	S f3 — e5	S g8 — f6

Zur Erlangung des Gegenangriffs scheint d7 — d6 noch stärker.

	Weiss.	Schwarz.
6.	L f1 — c4	d7 — d5
7.	L c4 — d5:	S f6 — d5:
8.	e4 — d5:	f4 — f3
9.	0 — 0	D d8 — h4:
10.	d2 — d4	f3 — f2†
11.	T f1 — f2:	g4 — g3
12.	T f2 — f4	D h4 — h2†
13.	K g1 — f1	D h2 — h1†
14.	K f1 — e2	D h1 — g2†
15.	K e2 — d3	D g2 — h3
16.	D d1 — e1	L c8 — f5†
17.	K d3 — c4	0 — 0 — 0
18.	D e1 — a5	a7 — a6
19.	S b1 — c3	L f5 — c2:
20.	T f4 — f7:	L f8 — d6
21.	S c3 — b5	a6 — b5†
22.	K c4 — b5:	K c8 — b8
23.	L c1 — g5	L d6 — e5:

Weiss lässt hier den Angriff
23. S e5 — c6† b7 — c6:
24. K b5 — c6: L c2 — d3
25. T f7 — c7: etc.
ausser Acht, wobei freilich 24. D h3 — c8 möglich wäre.

	Weiss.	Schwarz.
24.	L g5 — d8:	T h8 — d8:
25.	D a5 — c3	T d8 — d5†
26.	K b5 — c4	T d5 — d4†
27.	D c3 — d4:	D h3 — e6†
28.	D d4 — d5	L c2 — d3†

und Schwarz gewinnt.

---

32. Partie.

(Vorgabe des Damenthurms.)

	P. M. Weiss.	—x. Schwarz.
1.	e2 — e4	e7 — e5
2.	L f1 — c4	L f8 — c5
3.	d2 — d4	e5 — d4:

Besser wäre L c5 — d4:, da auf e5 — d4: nun 4. L c4 — f7† möglich wäre. Der vorgebende Spieler vermeidet aber zur Verhütung des Abtausches diese Combination.

	Weiss.	Schwarz.
4.	S g1 — f3	b7 — b5

	Weiss.	Schwarz.
5.	L c4 — b3	d7 — d6
6.	S f3 — g5	S g8 — h6
7.	0 — 0	0 — 0
8.	f2 — f4	a7 — a5
9.	f4 — f5	D d8 — f6

Man vergleiche zu diesem wie zum 16. Zuge die Anmerkung zum 17. Zuge der 2. Partie (S. 30).

10.	D d1 — h5	a5 — a4
11.	L b3 — d5	c7 — c6

Schw.

W.

	Weiss.	Schwarz.
12.	S g5 — h7:	K g8 — h7:
13.	L c1 — g5	D f6 — e5
14.	S b1 — d2	c6 — d5:
15.	S d2 — f3	D e5 — e8
16.	f5 — f6	L c8 — g4
17.	D h5 — h4	L g4 — f3:
18.	f6 — g7:	d4 — d3†
19.	K g1 — h1	L f3 — g2†
20.	K h1 — g2:	K h7 — g7:
21.	L g5 — h6†	K g7 — h7
22.	L h6 — f8†	K h7 — g8
23.	L f8 — e7	S b8 — c6
24.	D h4 — g5†	K g8 — h7
25.	T f1 — f4 und Weiss gewinnt.	

Man kann auch an diesem entscheidenden Schlusszuge die Energie des Meisters erkennen, da der näher liegende Zug T f1 — f3 das Matt bei D e8 — d7 verzögert haben würde.

---

33. Partie.

(Vorgabe des Damenspringers.)

P. M. —y.

	Weiss.	Schwarz.
1.	e2 — e4	e7 — e5
2.	S g1 — f3	S b8 — c6
3.	L f1 — c4	L f8 — c5
4.	b2 — b4	L c5 — b4:
5.	c2 — c3	L b4 — c5
6.	0 — 0	S g8 — f6

Man vergleiche die Anmerkung zum 6. Zuge der 10. Partie.

7.	d2 — d4	e5 — d4:
8.	c3 — d4:	L c5 — b6

	Weiss.	Schwarz.
9.	L c1 — a3	d7 — d6
10.	e4 — e5	S f6 — e4
11.	T f1 — e1	d6 — d5
12.	L c4 — b5	L c8 — g4
13.	T a1 — c1	D d8 — d7
14.	D d1 — a4	L g4 — f3:
15.	T c1 — c6:	0 — 0 — 0
16.	e5 — e6	f7 — e6:

Hier erfolgt ein Baueropfer von defensivem Charakter, nämlich zur Sicherung des Zuges T c6 — b6:, welcher jetzt an D d7 — g4 scheitern könnte.

17. T c6 — b6: und Weiss gewinnt.

---

34. Partie.

(Vorgabe des Damenspringers.)

	P. M. Weiss.	—z. Schwarz.
1.	e2 — e4	e7 — e5
2.	f2 — f4	e5 — f4:
3.	S g1 — f3	g7 — g5
4.	L f1 — c4	g5 — g4
5.	0 — 0	g4 — f3:
6.	D d1 — f3:	D d8 — f6
7.	e4 — e5	D f6 — e5:
8.	L c4 — f7‡	K e8 — f7:
9.	d2 — d4	D e5 — d4‡
10.	L c1 — e3	D d4 — f6
11.	D f3 — h5†	D f6 — g6
12.	T f1 — f4‡	S g8 — f6
13.	T f4 — f6‡	K f7 — f6:
14.	L e3 — d4†	K f6 — e7
15.	T a1 — e1†	K e7 — f7
16.	D h5 — d5†	D g6 — e6
17.	D d5 — f3†	K f7 — e8
18.	D f3 — h5†	K e8 — d8
19.	T e1 — e6:	d7 — e6:

20. L d4 — h8: und Weiss gewann schliesslich.

II. Blindlingsspiele.

35. Partie.

(Aus drei gleichzeitigen Gedächtnisspartien.)

	P. M. Weiss.	N. Schwarz.
1.	e2 — e4	e7 — e5
2.	S g1 — f3	S b8 — c6
3.	L f1 — c4	L f8 — c5
4.	b2 — b4	L c5 — b4:

	Weiss.	Schwarz.
5.	c2 — c3	L b4 — a5
6.	d2 — d4	e5 — d4:
7.	0 — 0	h7 — h6
8.	D d1 — b3	D d8 — f6
9.	e4 — e5	D f6 — g6
10.	c3 — d4:	S g8 — e7
11.	d4 — d5	S c6 — d8
12.	d5 — d6	S e7 — c6

Weiss bietet einen zweiten Bauer, um die Position des Gegners völlig einzuengen. Man sieht, wie der Meister durch Abwesenheit des Spielmateriales sich in der Sicherheit und Energie seines Spieltypus nicht stören lässt.

13.	L c1 — a3	S d8 — e6
14.	L c4 — e6:	f7 — e6:

Besser wäre wohl d7 — e6: oder D g6 — e6:

15.	d6 — c7:	L a5 — c7:
16.	S b1 — c3	a7 — a6

Die Fortsetzung der Partie bietet das interessante Beispiel überwiegen den Officierspieles von Seiten des Anziehenden.

17.	T a1 — d1	S c6 — e5:
18.	S f3 — e5:	L c7 — e5:
19.	f2 — f4	L e5 — c3:
20.	D b3 — c3:	D g6 — f6
21.	D c3 — c5	D f6 — f8
22.	T d1 — d6	D f8 — f5
23.	T d6 — d5	D f5 — f8
24.	D c5 — a5	D f8 — f6

Schw.

W.

Das folgende Manöver giebt eine klare Veranschaulichung von der Stärke des Meisters im Officierangriff und dessen Einleitung durch entscheidende Bauerzüge.

25.	**f4 — f5**	**b7 — b6**

Man sieht, dass der Thurm jetzt wegen 26. T f1 — e1 nebst 27. D a5-d5† nicht genommen werden darf.

26.	D a5 — e1	e6 — e5
27.	T d5 — e5†	K e8 — f7
28.	D e1 — e4	D f6 — c6
29.	T e5 — e7†	K f7 — g8

Schw.

W.

Weiss kündigt Matt in vier Zügen an,

30. T e7 — g7† K g8 — g7:
31. D e4 — e7† K g7 — g8
32. D e7 — f8† K g8 — h7
33. D f8 — f7‡.

---

36. Partie.

(Aus vier gleichzeitigen Gedächtniss-spielen.)

P. M.	N.
Weiss.	Schwarz.
1. e2 — e4	e7 — e5
2. S g1 — f3	S b8 — c6
3. L f1 — c4	L f8 — c5
4. b2 — b4	L c5 — b4:
5. c2 — c3	L b4 — a5
6. 0 — 0	d7 — d6

Stärker ist 6. S g8 — f6 nebst Rochade auf 7. d2 — d4; schwach wäre aber die von Col. Mead vorgeschlagene Vertheidigung S g8 — e7 wegen 7. S f3 — g5 u. s. w.

7. d2 — d4	e5 — d4:
8. D d1 — b3	D d8 — f6

Dieser Angriffszug, welcher zuerst von G. Waller (vgl. Schachzeitung von 1849 S. 124) angegeben ist, erscheint weniger correct als die gewöhnliche Fortsetzung mit 8. c3 — d4:, mag aber in der Praxis gegen nicht gleich starke Gegner mit Erfolg versucht werden. Als sichere Vertheidigung gilt 8. D d8 — e7 nebst 9. e4 — e5, d6 — e5:; 10. T f1 — e1, L c8 — d7.

9. e4 — e5	d6 — e5:
10. T f1 — e1	S g8 — e7
11. L c1 — g5	D f6 — g6
12. L g5 — e7:	S c6 — e7:
13. S f3 — e5:	D g6 — b6

Trotz des aus 13. D d1 — a4† entspringenden Officiergewinnes zog Weiss der Eleganz wegen die gewählte Combination vor.

14. L c4 — b5†	c7 — c6
15. D b3 — f7†	K e8 — d8
16. S e5 — c6†	S e7 — c6:
17. L b5 — c6:	D b6 — c5
18. c3 — d4:	D c5 — d6
19. D f7 — g7:	L a5 — e1:
20. D g7 — h8†	K d8 — c7
21. D h8 — h7†	L c8 — d7

Bei K c7 — c6: folgt 22. D h7 — e4† und Weiss wird nach 23. D e4 - e1: durch seine Freibauern auf dem rechten Flügel leicht den Sieg erringen.

22. L c6 — d7:	D d6 — d4:
23. L d7 — b5†	K c7 — b6
24. S b1 — c3	L e1 — c3:
25. T a1 — b1	T a8 — d8

Schw.

W.

	Weiss.	Schwarz.
26.	L b5 — a6†	K b6 — a5

Hierauf giebt Weiss in drei Zügen Matt:

27.	T b1 — b5†	K a5 — a4

Falls K a5 — a6: so 28. D h7 - b7‡

28.	D h7 — c2†	K a4 — a3
29.	D c2 — b3‡.	

---

37. Partie.

(Aus vier gleichzeitigen Gedächtnisspartien.)

	P. M.	Mr. N.
	Weiss.	Schwarz.
1.	e2 — e4	e7 — e5
2.	S g1 — f3	S b8 — c6
3.	L f1 — c4	L f8 — c5
4.	b2 — b4	L c5 — b4:
5.	c2 — c3	L b4 — c5
6.	0 — 0	d7 — d6
7.	d2 — d4	e5 — d4:
8.	c3 — d4:	L c5 — b6
9.	S b1 — c3	S c6 — a5
10.	S f3 — g5	S a5 — c4:

Diese Combination bildet eine vom Meister eingeführte Novität.

11.	D d1 — a4†	c7 — c6
12.	D a4 — c4:	S g8 — h6
13.	K g1 — h1	0 — 0
14.	f2 — f4	K g8 — h8
15.	f4 — f5	f7 — f6

Hier erscheint wieder der uns schon öfter begegnete Angriff des Königslaufer-Bauers. Der Meister ist gleich bedacht, den eigenen f Bauer vorzudrängen, wie den des Gegners zurückzuhalten.

16.	S g5 — e6	L c8 — e6:

	Weiss.	Schwarz.
17.	f5 — e6:	D d8 — e7

Besser scheint zur Vermeidung des Doppelbauers auf der Randlinie der Zug S h6 — g8.

18.	L c1 — h6:	g7 — h6:
19.	T f1 — f3	T f8 — g8
20.	T a1 — f1	T g8 — g6
21.	S c3 — e2	T a8 — f8
22.	S e2 — f4	T g6 — g5
23.	d4 — d5	c6 — c5
24.	D c4 — c3	L b6 — d8
25.	S f4 — e2	D e7 — g7
26.	S e2 — g3	D g7 — c7

Schwarz hat nicht viel Auswahl von guten Zügen. Der hier gemachte Damenzug öffnet aber dem Gegner die Möglichkeit zu einer entscheidenden und ebenso tief durchdachten, wie für die Klarheit des Blindlingsspielers glänzend zeugenden Angriffscombination.

Siehe das umstehende Diagramm.

27.	T f3 — f6:	L d8 — f6:
28.	T f1 — f6:	T f8 — f6:
29.	D c3 — f6†	D c7 — g7

Auf K h8 — g8 folgt sofort 30. e6 — e7 D c7 — c8 31. D f6 — e6†

Schw.

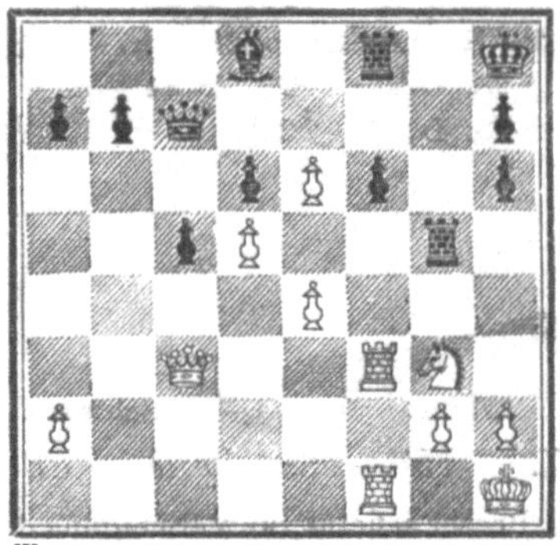

W.

D c8 — e6: 32. d5 — e6: zum Vortheil des Anziehenden.

30.	D f6 — d8†	D g7 — g8
31.	e6 — e7	T g5 — e5
32.	S g3 — h5	T e5 — e4:

Schw.

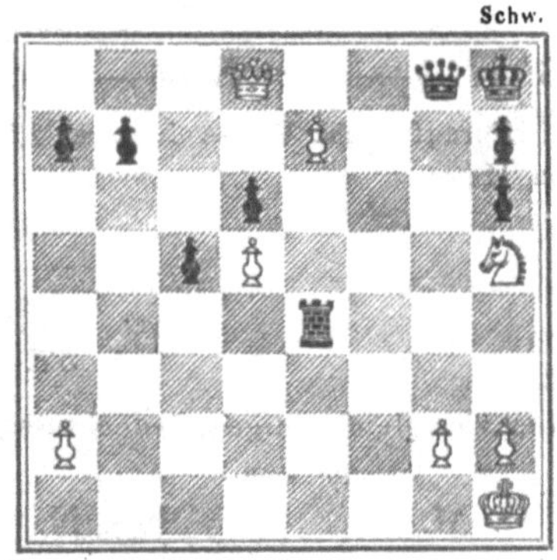

W.

Weiss kündigt Matt in fünf Zügen an:

33. e7 — e8D T e4 — e1†

Es droht D d8 — f6†

34.	D e8 — e1:	D g8 — d8:
35.	D e1 — c3†	D d8 — f6
36.	D c3 — f6†	K h8 — g8
37.	D f6 — g7 ‡	

---

38. Partie.

(Aus sechs gleichzeitigen Gedächtnissspielen.)

	P. M.	Mr. N.
	Weiss.	Schwarz.
1.	e2 — e4	e7 — e5
2.	S g1 — f3	S b8 — c6
3.	L f1 — c4	L f8 — c5
4.	b2 — b4	L c5 — b4:
5.	c2 — c3	L b4 — a5
6.	d2 — d4	e5 — d4:
7.	0 — 0	d4 — c3:
8.	L c1 — a3	d7 — d6
9.	D d1 — b3	S g8 — h6
10.	S b1 — c3:	L a5 — c3:

	Weiss.	Schwarz.
11.	D b3 — c3:	0 — 0
12.	T a1 — d1	S h6 — g4
13.	h2 — h3	S g4 — e5
14.	S f3 — e5:	S c6 — e5:
15.	L c4 — e2	f7 — f5

Auf L c4 — b3 könnte L c8 — e6 geschehen.

16.	f2 — f4	S e5 — c6
17.	L e2 — c4†	K g8 — h8
18.	L a3 — b2	D d8 — e7
19.	T d1 — e1	T f8 — f6
20.	e4 — f5:	D e7 — f8

Schw.

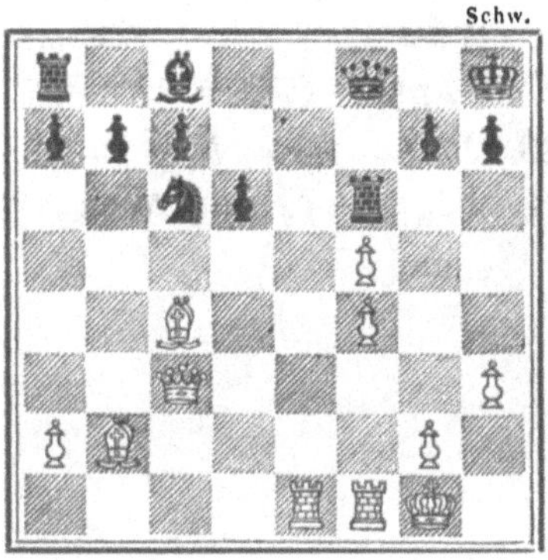

W.

21. T e1 — e8 D f8 — e8:
22. D c3 — f6: D e8 — e7

Man sieht, dass Eroberung der Dame Matt zur Folge haben würde und, dass diese wie die nachfolgende Combination vom Blindlingsspieler bereits vor mehreren Zügen berechnet wurde.

	Weiss.	Schwarz.
23.	D f6 — g7†	D e7 — g7:
24.	f5 — f6	D g7 — g2†

Ein Verzweiflungszug von Schwarz. Einfacher wäre D g7 — f8; 24. f6 — f7; S c6 — e5; 25. f4 — e5:, wobei Weiss freilich immer ein überwiegendes Angriffsspiel behaupten wird.

25.	K g1 — g2:	L c8 — h3†
26.	K g2 — h3:	h7 — h5

27. T f1 — g1 und Weiss gewinnt.

---

39. Partie.

(Aus sechs gleichzeitigen Gedächtnissspielen.)

	P. M.	Mr. X.
	Weiss.	Schwarz.
1.	e2 — e4	e7 — e5
2.	f2 — f4	e5 — f4:
3.	S g1 — f3	c7 — c6
4.	S b1 — c3	L f8 — b4
5.	L f1 — c4	L b4 — c3:
6.	d2 — c3:	S g8 — e7
7.	D d1 — d6	0 — 0
8.	L c1 — f4:	S e7 — g6
9.	L f4 — g5	D d8 — e8
10.	0 — 0	K g8 — h8
11.	T a1 — e1	f7 — f6
12.	e4 — e5	f6 — f5

Bei f6 — g5: folgt 13. S f3 — g5: zum Vortheil von Weiss, z. B. T f8 — f1: 14. T e1 — f1: h7 — h6; 15. D d6 — g6: etc.

13.	S f3 — d4	f5 — f4
14.	e5 — e6	d7 — e6:
15.	S d4 — e6:	L c8 — e6:
16.	T e1 — e6:	D e8 — c8

Schw.

W.

Weiss.	Schwarz.	Weiss.	Schwarz.
17. T e6 — g6:	h7 — g6:	22. L g8 — f7†	K h8 — h7
18. D d6 — g6:	D c8 — f5	23. L f7 — g6†	K h7 — g6:
19. T f1 — f4:	D f5 — g6:	24. L g5 — f4 und Weiss gewinnt.	
20. T f4 — f8†	K h8 — h7		
21. L c4 — g8†	K h7 — h8		

Glossarium.

1.

Man vergleiche folgenden Bericht im März des Chess Monthly, S. 95:

„From New-Orleans we learn that Mr. Morphy, upon his return home, met with an enthusiastic reception from the players of the Crescent City. He lately played, without seeing the boards, at one time two, and at another three games at once against strong players of the New-Orleans club. The rooms were literally crowded on both occasions with interested spectators. Mr. Morphy won all of the games and arrangements were in progress for another exhibition of the same kind in which he was to play four blindfold games at once. The New-Orleans club had removed to larger and more convenient quarters and was rapidly increasing in numbers."

2.

Zum Belege diene die Mittheilung im Mai des Chess Monthly, S. 157—158:

„On the evening of Wednesday, March 10th, Mr. Morphy delighted a large audience of New-Orleans amateurs by playing four games simultaneously without seeing the boards. — Since this occasion he played at one time five and another six blindfold games simultaneously. In the first case he won four and drew one game and in the second instance he came off conqueror over all of his antagonists, who were selected from among the best players of the city. These festivals of chess have drawn, on each occasion, throngs of spectators.

Das in New-Orleans erscheinende Blatt „The New-Orleans Delta" schildert die trotz Abwesenheit des Spielmateriales dennoch sich gleich bleibende Kraft und Eleganz des Meisters folgendermassen:

„He displayed to a very high degree the boldness and brilliancy of conception, the rapidity of execution and fertility of resource which he usually exhibits with the board before him, and defeated all his antagonists (four of the best players of the club) after some hours' fighting. This severe mental labour seemed in no way to have fatigued him. We have no doubt that with a little practice, Mr. Morphy could easily conduct seven or eight games in the same manner."

3.

Die gegebene Schilderung stützt sich auf folgenden Bericht im Juli der Amerikanischen Monatsschrift, S. 222:

„The New-Orleans club, through the interest attendant upon Mr. Morphy's play, has grown into one of the largest and most efficient chess organizations in the country. Besides Mr. Morphy the club numbers several players who do not compare unfavorably with the strongest chess athletes of other cities. Among them may be mentioned Mr. Maurian, Mr. Mc. Connel and Mr. Halsey. The Crescent City was, not long since, favored with a visit from Mr. W. W. Montgomery of Georgia, so well known in our Northern chess circles as a forcible and elegant player. Mr. Montgomery passed through Mobile on his way to New-Orleans where he won largely of Judge Meek, Mr. Hurtel and others, his score with the former gentleman being five to two in his favor.

His score in New-Orleans stood as follows:

Even Games.

Mr. Montgomery 0 Mr. Morphy 4

Odds of Pawn and two moves.

Mr. Montgomery 0 Mr. Morphy 2

Odds of the Knight.

Mr. Montgomery 0 Mr. Morphy 9

Mr. Worrall, an amateur from Mexico, lately played a few games, receiving the odds of the Knight from Mr. Morphy. The score stood: Mr. Morphy 8, Mr. Worrall 7.

Ueber das Kreuzspiel zwischen Morphy, Staunton und Worrall giebt Frank Leslie's paper vom 29. Mai folgendem Gedankengange Ausdruck:

> In mehreren Schachkreisen scheint der Wahn verbreitet zu sein, dass das Kreuzspiel zwischen den genannten Meistern für Morphy im Verhältniss zu Staunton nicht günstig ausgefallen sei. Es liegt hier ein Irrthum zu Grunde, da die Thatsachen eher das Gegentheil stützen. Mr. Worrall hat im Ganzen 45 Spiele mit Mr. Staunton gemacht, davon 23 verloren nnd 22 gewonnen. Hierunter findet sich ein kleiner Wettkampf mit Springervorgabe, in welchem der Mexikaner Sieger geblieben ist. Mit Mr. Morphy hat derselbe 15 Partien, sämmtlich unter Springervorgabe, gespielt und davon 7 gewonnen, 8 verloren. Erwägt man nun noch den naturgemässen Fortschritt, welchen Mr. Worrall in einem so andauernden Kampf mit dem berühmten Englischen Meister gewinnen musste, so stellt sich, wofern überhaupt ein Kreuzspiel zuverlässige Folgerungen gestattet, gewiss ein in jeder Beziehung für Mr. Morphy günstiges Resultat heraus.

4.

Staunton's persönliche, in seinem Organ „The Illustrated London News" kundgegebene, Ansicht über die Herausforderung der Gesellschaft zu New-Orleans bietet im Wesentlichen folgenden Gedankengang:

„Wohl zeichnen sich die Bedingungen des Entwurfes durch vorzügliche Generosität aus, nur dürfte ein Punkt davon auszunehmen zu sein. Dieser betrifft den vorgeschlagenen Ort des Wettkampfes, welcher für das Zustandekommen des letzteren durchaus ungünstig erscheint. Ja, wir können nicht umhin, unserm Erstaunen darüber Ausdruck zu geben, dass die einsichtsvollen Verfasser des Entwurfes selbst diesen Umstand übersehen konnten.

Wie war es möglich, ausser Acht zu lassen, dass wenn schon Herrn Paul Morphy, einem jungen Manne ohne Familie und Berufsverpflichtungen, eine Reise nach Europa Schwierigkeiten macht, sein Gegner, welcher bereits Jahre lang wegen anstrengender literarischer Beschäftigung nur auf gelegentliche Uebung des Spieles beschränkt war, es nicht nur ungelegen sondern vollkommen unausführbar finden muss, alle Verpflichtungen bei Seite lassend, eine Reise von mehreren tausend Meilen zum Zwecke einer Schachwette zu unternehmen. Sicherlich kann schon der Gedanke an ein solches Opfer kaum einen Augenblick Raum gewinnen. Wenn Herr Morphy, für dessen Kunst wir hohe Bewunderung hegen, seine Sporen in der Europäischen Ritterschaft des Schach verdienen will, so mag er seine für das nächste Jahr beabsichtigte Reise dazu nutzen. Er wird dann in diesem Lande, wie in Frankreich Deutschland und Russland eine Reihe bewährter Meister antreffen, die ihm bereitwillig seine Tüchtigkeit bezeugen und ihr volle Ehre anthun werden."

5.

Als Zeugniss diene z. B. folgende Stelle aus einem Briefe des verstorbenen Meisters Bledow (des Gründers der Schachzeitung) an v. d. Lasa, vom 10. Januar 1844:

„Der lang erwartete und vielbesprochene Kampf hat also stattgefunden und, wie Kieseritzky sagt, Staunton's Uebergewicht dargethan. Ist Ihnen dies auch so unzweifelhaft erschienen? Er hat zwar von den ersten acht Partien sieben, jedoch von den folgenden dreizehn nur vier Partien gewonnen; ja, von den letzten sechs Partien hat er drei verloren und nur eine gewonnen. Dies erscheint mir noch nicht als ein Beweis von entschiedener Ueberlegenheit, besonders wenn es wahr ist, dass St. Amant im Anfang zugleich mit einem Nervenfieber zu kämfen gehabt hat."

In einem anderen Briefe vom 12. November 1843, in welchem Bledow die Idee eines allgemeinen Schachturnieres anregt und als gemeinsamen Versammlungsort der drei Nationen Trier vorschlägt, heisst es:

„Nun nächstes Jahr sehen wir uns hoffentlich alle in Trier, und bis dahin möge der Sieger in dem Kampfe zu Paris sein Haupt nicht zu stolz erheben; erst in Trier werde das Diadem vertheilt."

Einfacher und deutlicher konnte das Selbstbewusstsein deutscher Tüchtigkeit kaum zum Ausdruck gelangen.

Siebentes Kapitel.

Schachfahrt und Ankunft in England.

Das Bewusstsein hohen Talentes wie gründlicher Studien und ihre glänzende Bestätigung durch überraschende praktische Erfolge hatte ein stolzes, begründetes Selbstvertrauen des jungen Meisters zur Reife gebracht. Dieses hohe Gefühl, durch dauernde Begeisterung der Landsleute getragen, musste das Verlangen nach allgemeiner Anerkennung im gesammten Schachreiche, nach Triumphen über ruhmgekrönte Vorbilder der klassischen Welt um so heftiger entbrennen, je ferner vom Boden des Heimathlandes die Aussicht auf den nächstgesuchten Wettkampf gerückt war. Auch schien eine Fahrt über den Ocean ausschliesslich im Dienste des ritterlichen Spieles so neu und romantisch, dass äussere Hindernisse vor diesem Reize immer mehr zurückschwanden und dem jungen Meister der Eingang zur Arena des Ruhmes auf klassischem Boden sich endlich bereitwillig öffnete. Es trat die günstige Aussicht hinzu, in der längst für Ende Juni zu Birmingham angesagten Versammlung der Britischen Association eine Reihe ausgezeichneter Europäischer Spieler zu treffen, und so wurde denn die Abfahrt des Meisters auf den Anfang des gedachten Monates festgesetzt.

Am Morgen des 8. Juni erschien Paul Morphy in New York, um von hier aus am nächsten Tage im Dampfer Arabia sein Heimathsland zur Fahrt in die alte Welt zu verlassen. 1) Wohl nie haben wärmere Wünsche, aufrichtigere Hoffnungen von allen Seiten den abreisenden Landsmann geleitet, ja begeisterte Worte der Presse in beredten Parallelen mit alten berühmten Meistern wurden dem modernen Ritter des königlichen Spieles nachgerufen. 2)

Inzwischen traf kurz nach der Abfahrt die verspätete Kunde, der Schachtag zu Birmingham sei vertagt, in New York ein, und der Reisende sollte bei seiner Ankunft in England noch zwei volle Monate, ehe er der Association sich vorstellen konnte, zu Vorkämpfen Zeit gewinnen.

Der freudige Empfang und die entgegenkommende Anerkennung der alten Welt entsprachen vollkommen dem längst in ihr zu lautem Wiederhall gelangten jenseitigen Rufe. 3) Litt auch das erste Auftreten des jungen Meisters noch unter dem Drucke aller Strapazen einer grösseren Seereise und der nächsten im fremden Lande so ungewohnten Eindrücke, so entwickelte sich doch bald wieder die längst bewunderte Kraft, und starke Englische Spieler, die im Anfange wackeren Stand hielten, mussten bald hoher Ueberlegenheit sich beugen.

Am Mittwoch, dem 23. Juni, erschien Paul Morphy im Cigar Divan am Strand, dem weltbekannten Schachlokale der Englischen Metropole, und noch an demselben Tage stellte er sich im St. George's Schachclub vor. An den ersten Besuch haben Erfindungen der Tagespresse eine auf Staunton bezügliche Anekdote geknüpft, in der letzteren so angesehenen Gesellschaft sollte der Meister nach herzlicher Aufnahme zum Ausdruck des Wunsches gelangen, mit irgend einem bedeutenden Englischen Meister einen grösseren Wettkampf, und zwar nach Belieben um einen Einsatz von 100 bis 1000 Pfund Sterling, ausmachen zu wollen. 4)

Am anderen Tage fand sich der Meister in den neuerstandenen vielbesuchten Schachräumen der Philidorian Chess Rooms von Mr. Stairie ein und erfreute die Anwesenden durch eine überraschende Probe seines eleganten Blindlingsspieles. 5)

Die nächstfolgende Zeit sollte noch nicht zu entscheidenden Einzelkämpfen mit bedeutenderen Meistern führen, da sich theils der junge Reisende wohl zu angegriffen von den Folgen der Seefahrt fühlte, theils die alten Schachmagnaten zunächst seine Leistungen im Kampfe mit anderen Spielern zu erproben wünschten.

Dagegen wurden in dieser Zeit einige Consultationspartien vorbereitet, in denen stärkere Englische Spieler sich unter Mitwirkung des Gastes gegen einander paarten und die nächsten Spiele dieser Art in den Räumen des sogenannten London Club zu Stande gebracht.

Unter Löwenthal's Geleit wurde der Meister in diese zweite grosse Schachgesellschaft der Metropole eingeführt und unter allseitig herzlichem Empfange vom Sekretär S. Medley sowie vorzüglich von dem so liebenswürdigen wie feingebildeten Präsidenten Mongredien mit warmen, freundschaftlichen Worten bewillkommnet. Auch George Walker, der verdienstliche Autor und starke Praktiker, war zugegen, so dass Consultationsspiele unter bedeutenden Kräften sehr leicht arrangirt werden konnten.

Das Loos entschied für die erste Partie die Abpaarung von Morphy und Mongredien auf der einen, gegen Medley und Löwenthal auf der anderen Seite; nach einigen Stunden ergab sich unter beiderseitiger Befriedigung Remisschluss. Später brachte man noch ein zweites Spiel zu Stande, in welchem die eine Partei durch Walker, Morphy und

Greenaway, die andere durch Löwenthal, Mongredien und Medley vertreten wurde. Auch diese an sich sehr interessante Partie kam nicht zu definitivem Ausgange, da sie bei vorgerückter Zeit und beiderseits ziemlich gleicher Stellung abgebrochen wurde.

Entschiedener und gewiss bedeutungsvoller für den Meister selbst verliefen zwei andere Consultationsspiele, in denen er mit Staunton zusammentreffen sollte. Sein Theilnehmer war in diesen Partien Mr. Barnes, während der berühmte Gegner durch Rev. Owen unterstützt wurde. Beide Spiele endeten zu Gunsten der Partei unseres Meisters und geben in ihrem Verlaufe ein deutliches Bild von der energischen Zuversicht des Siegers.

I. Consultationspartien gegen Löwenthal.

40. Partie.

(Französisches Springerspiel.)

Löwenthal. & Medley.	P. M. & Mongredien.
Weiss.	Schwarz.
1. e2 — e4	e7 — e5
2. Sg1 — f3	d7 — d6

Diese von dem französischen Meister Philidor empfohlene Vertheidigung des Königsbauers hat der Eröffnung den Namen gegeben. Sie wird von Morphy mit besonderer Vorliebe gegen stärkere Spieler zur Anwendung gebracht, und wir werden ihr daher künftig noch öfter begegnen. Gewöhnlich haben die Gegner des Meisters die stärksten Fortsetzungen des Angriffes ausser Acht und damit dem Nachziehenden die Möglichkeit einer günstigen Wendung der an sich zwar nicht fehlerhaften, aber immer weniger bequemen und die Wirkung des Königslaufers beschränkenden, Vertheidigung gelassen.

Weiss.	Schwarz.
3. d2 — d4	f7 — f5

Solider wäre e5 — d4:; das Gegengambit ist nicht sicher und würde bei besserer Fortsetzung im fünften Zuge der anziehenden Partei Vortheil gebracht haben.

4. Lf1 — c4	Sb8 — c6

Dieser vierte Zug von Weiss ist richtig. Schwarz darf nun den weissen Königsbauer wegen 5. Sf3-e5: nebst Dd1-h5† nicht schlagen.

Weiss.	Schwarz.
5. d4 — e5:	d6 — e5:

Hier wäre 5. Sf3-g5 der stärkere Zug.

Weiss.	Schwarz.
6. Dd1 — d8†	Sc6 — d8:
7. Sf3 — e5:	f5 — e4:
8. Lc1 — d2	Lf8 — d6
9. Ld2 — c3	Sg8 — f6
10. h2 — h3	Lc8 — e6
11. Sb1 — d2	0 — 0
12. 0 — 0	Sf6 — d5
13. Lc4 — d5:	Le6 — d5:
14. Sd2 — c4	b7 — b5

Ein Fehler von Schwarz, da nun ein Bauer verloren geht.

Weiss.	Schwarz.
15. Sc4 — d6:	c7 — d6:
16. Tf1 — d1	e4 — e3

Ein hier nothwendiges Baueropfer!

Weiss.	Schwarz.
17. f2 — e3:	Ld5 — g2:
18. Kg1 — g2:	d6 — e5:
19. Lc3 — e5:	Sd8 — c6
20. Le5 — d4	Ta8 — e8

Statt dessen würde Le5-f4 Bauer und bessere Position erhalten haben.

Weiss.	Schwarz.
21. Td1 — d2	Te8 — e6
22. Ta1 — e1	Te6 — g6†
23. Kg2 — h2	Tf8 — f3
24. Td2 — g2	Sc6 — d4:
25. e3 — d4:	Tg6 — h6
26. Te1 — e7	Tf3 — h3†
27. Kh2 — g1	Th3 — h1†
28. Kg1 — f2	Th6 — f6†
29. Kf2 — e2	Tf6 — f7
30. Te7 — e8†	Tf7 — f8

Remis.

---

41. Partie.

(Mittelgambit gegen Laufergambit.)

P. M., Walker, Greenaway.	Löwenthal, Mongredien, Medley.
Weiss.	**Schwarz.**
1. e2 — e4	e7 — e5
2. f2 — f4	e5 — f4:
3. Lf1 — c4	d7 — d5
4. Lc4 — d5:	Sg8 — f6

Man vergl. Anm. zum 4. Zuge von Partie 17. (S. 75.)

Weiss.	Schwarz.
5. Sg1 — f3	Sf6 — d5:
6. e4 — d5:	Dd8 — d5:
7. Sb1 — c3	Dd5 — h5
8. d2 — d4	Lf8 — d6
9. Dd1 — e2†	Ke8 — d8
10. 0 — 0	g7 — g5
11. De2 — b5	f7 — f5
12. Db5 — d5	Sb8 — c6

	Weiss.	Schwarz.
13.	Sf3 — e5	Th8 — f8
14.	Lc1 — d2	Sc6 — e7
15.	Dd5 — c4	Tf8 — f6
16.	Ta1 — e1	c7 — c6
17.	Sc3 — a4	Lc8 — d7

Sicher und besser wäre hier b7 - b6.

	Weiss.	Schwarz.
18.	Sa4 — c5	Ld7 — c8
19.	Tf1 — f3	g5 — g4
20.	Tf3 — b3	b7 — b6

Als Remis abgebrochen.

II. Consultationspartien gegen Staunton.

42. Partie.

(Französisches Springerspiel.)

	Staunton & Owen. Weiss.	P. M. & Barnes. Schwarz.
1.	e2 — e4	e7 — e5
2.	Sg1 — f3	d7 — d6
3.	d2 — d4	f7 — f5
4.	d4 — e5:	f5 — e4:

Stärker ist 4. Lf1 — c4; man sehe 40. Partie und vergleiche die Schachpartien des Autors (von 1857) S. 31.

5.	Sf3 — g5	d6 — d5
6.	e5 — e6	Sg8 — h6
7.	Sb1 — c3	c7 — c6

Die beste Fortsetzung des Angriffes besteht in dem zuerst von Mayet gefundenen und sodann von v. d. Lasa in die Theorie eingeführten Zuge 7. f2 — f3, wodurch bei Lf8 — c5; 8. f3 — e4: 0 — 0; 9. e4 — d5: oder auch 9. Dd1 — d5: zu schliesslichem Vortheile des Weissen die feindliche Mitte erobert wird.

8.	Sg5 — e4:	d5 — e4:

Weiss wählt hier zu eigenem Nachtheile die schwächere Fortsezzung des Angriffs und unterlässt den stärkeren Zug S. Sg5 — h7: Es liegt hier einer von den vielen Fällen vor, in welchen trotz eigener Production auf dem Felde der Theorie dennoch alterfahrene Gegner des Meisters diesem aus dem Grunde unterliegen, weil sie nicht gleich ihm die entsprechenden Erfahrungen des theoretischen Wissens im entscheidenden Augenblicke bei der Hand haben oder anzuwenden sich geneigt fühlen!

Durch 8. Sg5 — h7: Lc8 — e6: 9. Sh7 — f8: Ke8 — f8: 10. Sc3 — e4: Sh6 — g4, 11. Se4 — g5 würde Weiss in Vortheil gekommen sein.

9.	Dd1 — h5†	g7 — g6
10.	Dh5 — e5	Th8 — g8
11.	Lc1 — h6:	Lf8 — h6:
12.	Ta1 — d1	Dd8 — g5

Auch Dd8 — e7 mit der Fortsezzung 13. Lf1 — c4 Lf8 — g7; 14. D e5 — e4: Lg7 — c3† oder 13. Sc3 — e4: De7 — e6: 14. Se4 — f6† Ke8 — f7 etc. würde Schwarz günstig stellen.

Weiss.	Schwarz.
13. De5 — c7	Lc8 — e6:
14. Dc7 — b7:	e4 — e3

Offerte des bekannten Baueropfers! Auf 14. Sc3 — e4: könnte sich Schwarz durch Dg5 — e7; 15. Td1-d8† De7 — d8:; 16. Sc4 — d6† Dd8-d6:; 17. Dc7 — d6:, Ke8 — f7 mit drei Figuren gegen die Dame günstig entwickeln.

15. f2 — f3	Dg5 — e7
16. Db7 — a8:	Ke8 — f7
17. Sc3 — e4	Lh6 — f4
18. Lf1 — e2	Kf7 — g7
19. 0 — 0	De7 — c7
20. Se4 — c5	Lf4 — h2†
21. Kg1 — h1	Le6 — c8
22. Td1 — d4	Lh2 — g3

Weiss.	Schwarz.
23. Td4 — e4	Kg7 — h8

Hier scheint Td4 — g4 energischer. Die schwarze Partei ist von jetzt ab unrettbar verloren. Die wirkliche Herbeiführung der Niederlage ist durchaus im glänzenden energischen Stile des Meisters gehalten.

24. Tf1 — d1	Dc7 — g7
25. Tc4 — h4	Lg3 — h4:
26. Da8 — b8:	Lc8 — a6
27. Db8 — h2	La6 — e2:
28. Td1 — d7	Dg7 — h6
29. Sc5 — e4	Le2 — c4
30. Se4 — f6	e3 — e2
31. Td7 — e7	Dh6 — c1†
32. Dh2 — g1	Dc1 — g1†
33. Kh1 — g1:	e2 — e1D†
34. Te7 — e1:	Lh4 — e1:

Aufgegeben.

---

43. Partie.

(Damenbauer gegen Königsbauer.)

P. M. & Barnes.	Staunton & Owen.
Weiss.	Schwarz.
1. e2 — e4	d7 — d5

Die Wahl dieser für den Nachziehenden nicht günstigen Eröffnung kann einem so tüchtigen Gegner gegenüber nur als leichtfertiges Wagniss angesehen werden, das durch consequente Behandlung desselben glänzend gerächt wird. In diesem Sinne mag gegenwärtige Partie die Ansicht bestätigen, dass noch so begründeter Hochmuth der unerschütterlichen Meisterschaft keine noch so geringe Schwäche ungestraft zu bieten vermag.

	Weiss.	Schwarz.
2.	e4 — d5:	Dd8 — d5:
3.	Sb1 — c3	Dd5 — d8
4.	d2 — d4	Sg8 — f6
5.	Lf1 — d3	Sb8 — c6

Man sieht, dass die Dame den Bauer d4 wegen Ld3—b5† nicht nehmen darf.

6.	Lc1 — e3	e7 — e6
7.	Sg1 — f3	Lf8 — d6
8.	0 — 0	0 — 0
9.	Dd1 — e2	b7 — b6

Der Anfang einer weitberechneten zu Gunsten des Anziehenden auslaufenden Combination.

10.	Le3 — g5	Lc8 — b7
11.	Sc3 — e4	Ld6 — e7
12.	Se4 — f6†	Le7 — f6:
13.	De2 — e4	g7 — g6
14.	De4 — h4	Lf6 — g5:
15.	Sf3 — g5:	h7 — h5

Jetzt hat Weiss entscheidenden Positionsvortheil errungen und versteht ihn mit unwiderstehlicher Consequenz auszubeuten.

16.	c2 — c3	Dd8 — f6
17.	Ta1 — e1	Sc6 — e7
18.	f2 — f4	Se7 — f5
19.	Dh4 — h3	Tf8 — e8
20.	Te1 — e5	Ta8 — d8
21.	Tf1 — e1	Sf5 — g7
22.	g2 — g4	c7 — c5

Bei Td8 — d5 erhält Schwarz ein sehr gedrücktes Spiel.

23.	Ld3 — e4	Lb7 — a6

Der richtige und entscheidende Zug von Weiss. Schwächer wäre 23. d4 — c5: wegen Df6 — f4: 24. Ld3 - b5 f7 — f6 etc.

	Weiss.	Schwarz.
24.	g4 — h5:	Sg7 — h5:
25.	Le4 — f3	c5 — d4:
26.	Lf3 — h5:	g6 — h5:
27.	Dh3 — h5:	Df6 — g7
28.	Kg1 — f2	Dg7 — f6

Der Anfang eines wohl und weitberechneten, zu Qualitätgewinn im 35. Zuge führenden Manövers. Jetzt erntet Weiss die reifen Früchte seiner bereits im 9. Zuge so consequent eingeleiteten und zunächst Entblössung der Rochadeseite erzwingenden Benutzung der gedrückten feindlichen Stellung, welche gleichsam als unabweisliche Folge des ersten schwachen Eröffnungszuges und seiner so meisterhaften Verfolgung von Seiten der Gegenpartei sich darstellt.

Der eigentlich entscheidende Angriff beruht aber auch hier nach den geeigneten gegenwärtigen Vorbereitungszügen auf dem wohldurchdachten Baueropfer im 31. Zuge.

29.	Dh5 — h4	La6 — d3

Dieser vorbereitende Deckungszug des Laufers scheitert an dem gedachten Baueropfer und giebt indirect deutliches Zeugniss von dem überlegenen Positionsblick des Amerikanischen Meisters.

30.	Dh4 — g3	Ld3 — g6
31.	f4 — f5	Lg6 — f5:

Man vergleiche die vorstehenden Noten und bemerke, dass e6 — f5: Thurmverlust zur Folge haben würde.

Weiss.	Schwarz.
32. Sg5 — e4†	Df6 — g6
33. Se4 — f6†	Kg8 — f8
34. Dg3 — g6:	Lf5 — g6:

Hier verdient vielleicht f7 — g6: Vorzug.

35. Sf6 — e8:	Kf8 — e8:
36. h2 — h4	d4 — d3
37. Kf2 — e3	Ke8 — e7
38. Ke3 — d2	Td8 — d6

Das Streben von Schwarz, die Mittelbauern zur Geltung zu bringen, erweist sich als nachtheilig. Besser wäre jedenfalls Td8 — h8, wobei vielleicht Schwarz noch Hoffnung auf Remis behält. Die Widerlegung jenes haltlosen Planes erfolgt mit bekannter Energie.

39. Te5 — g5	Ke7 — f6

Durch diesen Thurmzug wird entscheidende Hemmung des f-Bauers herbeigeführt und der Zweck der Gegenpartei im Keime erstickt.

Weiss.	Schwarz.
40. Te1 — f1†	Lg6 — f5
41. Tg5 — g8	Td6 — d5
42. h4 — h5	Td5 — e5
43. Tf1 — f2	Te5 — e4
44. Tf2 — h2	Lf5 — h7
45. Tg8 — h8	Kf6 — g7
46. Tg8 — a8	Kg7 — h6

Auch Te4 — a4 würde nicht mehr helfen, da zunächst h5 — h6† etc. droht.

47. Ta8 — a7:	Te4 — f4
48. Ta7 — b7	e6 — e5
49. Tb7 — b6†	f7 — f6
50. a2 — a4	e5 — e4
51. Tb6 — e6	Tf4 — f3
52. a4 — a5	und Weiss gewinnt.

Glossarium.

1.

Bericht und Programm über die Schachfahrt giebt die Amerikanische Monatsschrift im Juli d. J. folgendermassen:

„Mr. Morphy traf am Morgen des 8. Juni in New-York ein und ging am nächsten Tage mit dem Dampfer Arabia nach Liverpool ab, um zunächst am Schachtage zu Birmingham Theil zu nehmen. Nach dem Schluss dieses Meeting gedenkt er, in London sich einige Wochen aufzuhalten und dort wo möglich mit Herrn Staunton unter den früher proponirten

Bedingungen einen Wettkampf auszumachen. Der hauptsächliche Grund, aus welchem die erste Herausforderung abgelehnt wurde, die grosse Entfernung zwischen England und New-Orleans, ist nach der gedachten Reise beseitigt, und es darf der Hoffnung Raum gegeben werden, dass durch Mr. Morphy's Anwesenheit in London jedes weitere Hinderniss schnell und leicht überwunden werde. Von London wird Mr. Morphy nach Paris gehen, wo er wahrscheinlich Herrn Harrwitz, M. de Rivière und andere Spieler der Regence antreffen wird. Es ist leicht möglich, dass er nach einem Aufenthalt von einem oder zwei Monaten in der französischen Hauptstadt noch Zeit zu einer Reise nach Berlin gewinnen wird, um dort mit Lange, Mayet und Anderssen zusammenzutreffen. Auf dem Rückwege wird Mr. Morphy im Laufe des November einige Zeit in New-York verweilen. Kaum brauchen wir hinzuzufügen, dass herzliche Hoffnungen und warme Wünsche der gesammten amerikanischen Schachgenossenschaft unseren fahrenden jugendlichen Ritter geleiten; ja nicht bloss auf Schachfreunde beschränkt sich dieses aufrichtige Interesse, es wird von allen Amerikanern getheilt, welche auf jedem geistigen Gebiete, in Künsten wie Wissenschaften, an dem noblen Wetteifer der Landsleute mit der alten Welt ihre Freude haben."

Dazu vergleiche man folgende Notiz in Frank Leslie's Illustrated News vom 19. Juni:

„Paul Morphy arrived here on Tuesday the 8th. inst. and left for Europe in the following day. He goes to meet the Chess-players in the Old World at the Birmingham chess meeting to convene about the 22. inst. During his brief stay here he played two games, one with Mr. Julien at the Knight odds and one with Mr. Smith of the Athenaeum club Philadelphia, both of which he won easily. Mr. Morphy intends heing abroad some four months, during which time he will visit England, France and possibly Germany. Every chess player throughout Europe and America will watch with interest the result of Mr. Morphy's play."

2.

Das höchst gediegene in Boston erscheinende Wochenblatt „American Union" bringt in seinem trefflich redigirten Schachabschnitt vom 19. Juni folgenden die Schachfahrt betreffenden Artikel:

„Mr. Paul Morphy, der Schachheld Amerika's und Mitredacteur des Chess Monthly, hat uns zur Fahrt in die alte Welt und zur Betheiligung am diesjährigen Meeting der Britischen Schachassociation, welches für den 22. d. M. in Birmingham angesagt ist, verlassen. Wir sind zuversichtlich überzeugt, dass er dort hinreichende Gelegenheit finden wird, sich mit den anerkannten Meistern Europa's zu messen und seine ganze Geschicklichkeit vollständig zu entfalten. Kaum bedarf es des Ausdruckes unserer aufrichtigen Hoffnung, dass ihm Gesundheit und Geistesfrische zur Seite stehen mögen, auf dass er seinen hohen Ruf bewähre und wo möglich noch mehre. Wir wünschen ihm zu diesem Ende eine heitere Ueberfahrt wie glückliche Rückkunft und bitten, dass Gott ihn geleiten möge.

Von dem begeisterten Sinn und zuversichtlichen Ton, mit welchem die Schachpresse Amerika's über Morphy's Fahrt sich ausgesprochen, sehe man folgendes Beispiel, das wir aus der New-Yorker Illustrirten Zeitung Frank Leslie's vom 2. October entnehmen:

„Im Jahre 1575 wanderten Paolo Boi und Leonardo da Cutri, die bekannten Schachmeister Italiens, nach Madrid, um Ruy Lopez und Xerone, die Helden Spaniens, zu bekämpfen. Sie wurden durch Gesandte am Hofe Philipp's II. vorgestellt, in dessen Gegenwart der berühmt gewordene Wettkampf vor sich gehen sollte. Im Anfang des nächsten Jahrhunderts verliess Gioachino Greco die sonnigen Gipfel und den blauen Himmel seines Heimathlandes Calabrien, zog über die rauhen Berghäupter der Alpen und erstritt in den Hauptstädten Frankreichs wie Englands dauernde glänzende Schachtriumphe. Noch später, im Jahre 1834, durchschnitt Labourdonnais den Kanal und warf kühn den stolzen Magnaten Britanniens den Handschuh hin. Aber weder der abenteuerliche Sinn jener fahrenden Schachritter Italiens, noch die Kühnheit des grossen gallischen Schachhäuptlings können einen Vergleich mit den Heldenthaten unseres jugendlichen Landsmannes ertragen. Denn jene hatten nur über ein inländisches Gewässer oder eine Meerenge zu segeln, oder eine Reihe von Bergrücken zu überklimmen, um mit einigen wenigen Gegnern von Ruf zusammenzutreffen. Unser Held aber hat ein Weltmeer durchkreuzt, um einer Menge berühmter Meister entgegenzutreten, deren angeborenes Talent noch durch Jahre lange theoretische wie praktische Uebung gebildet und durch erfahrene Wissensstärke der Mannheit gereift ist. Unser Heimathland, dessen Schachchronik erst seit den Zeiten eines Franklin datirt, konnte sich bisher noch keines Spielers rühmen, der es mit den Meistern der alten Welt hätte aufnehmen können. Aber an Paul Morphy hat es gegenwärtig einen Helden, durch dessen Vertretung nach unserer zuversichtlichen Ueberzeugung Amerika's Schach Suprematie überall behauptet werden wird."

Man vergleiche mit dieser Darstellung die aus dem Chess Monthly vom September d. J. in No. 6. zum 2. Kapitel (S. 24.) mitgetheilte Schilderung von Fiske.

Dass bei allen würdigen Aussprachen auch zuweilen in gewissem transatlantischen Geiste übertriebene Hoffnungen und Versprechungen zum Ausdruck gelangten, bedarf ebenso wenig einer Erklärung, wie die Erwartung, dass sie vom Meister selbst kaum gebilligt sein würden. Des Beispiels halber übertragen wir folgende in leichtem Stile gehaltene Ausführung aus dem Amerikanischen „Courier“:

„Mr. Morphy ist zwar in den Vereinigten Staaten als bedeutender Schachspieler anerkannt, aber er hat noch keineswegs Weltruf. Ausserhalb der Schachgesellschaften ist sein Name noch wenig bekannt und bis jetzt kein Gegenstand nationaler Theilnahme. Nach vier oder acht Wochen wird es anders sein. Mr. Morphy ist nach England gegangen und hat ganz Europa herausgefordert. Das ist heroisch und, wofern er Erfolg hat, für seinen Ruhm von Entscheidung. Wenn seine Leistungen in der Fremde seiner Tüchtigkeit im Heimathlande entsprechen, so kann darüber kein Zweifel aufkommen. Er wird auf dem Birmingham Turnier mit verschiedenen Gegnern zusammentreffen und zuversichtlich alle überwinden. Hiernach wird er Mr. Staunton, dem besten englischen Schachspieler, eins oder zwei zu rathen aufgeben und seinen Triumphen durch vollständige Niederlage des Professor Anderssen in Preussen, welcher der grösste jetzt lebende Schachmeister sein soll, die Krone aufsetzen. Wir werden darauf nicht so lange zu warten haben. Inzwischen mögen wir schon die Gegenwart mit den freudigsten Glückwünschen an uns selbst ausfüllen, was wir mit voller Zuversicht bereits im Voraus thun können, da über jedem Zweifel erhaben die Vorgänge nur einen für uns höchst glücklichen Ausgang nehmen können.“

3.

Zunächst kündigte Staunton in der Illustrirten Londoner Zeitung vom 26. Juni die unerwartete Ankunft Morphy's in England mit folgenden Worten an:

„The communication addressed to this gentleman announcing the postponement of the Chess Association Meeting from June 21st. to August 24th. having miscarried, he unexpectedly made his appearance in Birmingham on Monday, prepared to do battle a l'outrance for the honor of the Stars and Stripes. Fortunately his intention was to make some considerable stay in Europe; he has therefore consented to take part in the gathering of August wich will probably be one of the most brilliant chess assemblages known."

Aus der „Era" von jener Zeit übertragen wir folgenden Bericht (vgl. No. 10. zum 2. Kap. S. 26.):

„Es gereicht uns zu grossem Vergnügen von Mr. Morphy's Ankunft und begeisterter Aufnahme im St. George's Club berichten zu können, wo er sich zunächst vorgestellt und einige schöne Partien gespielt hat. Die beschleunigte Reise des grossen Spielers nach England ist ein Beweis für seinen Eifer, sich mit den Europäischen Meistern zu messen. Mr. Morphy ist auch im Divan am Strand gewesen und hat dort einige Spiele mit Mr. Boden gemacht. Er gedenkt regelmässig den St. George Club des Nachmittags zu besuchen und mit dessen Mitgliedern zu spielen. Seine Stärke ist in keiner Beziehung überschätzt worden, und die Schnelligkeit, mit der er seine brillanten Combinationen entwickelt, ist wahrhaft überraschend. Dazu besitzt er noch eine andere wichtige Eigenschaft, vollkommene Ruhe und Selbstbeherrschung."

In einem Briefe an den Herausgeber der Amerikanischen Monatsschrift sagt Löwenthal:

„Wir fühlten uns alle im höchsten Grade freudig überrascht, als wir die Kunde von Mr. Morphy's plötzlicher Ankunft erhielten, und wir glauben, dass die Aufnahme, welche er gefunden hat, ihn zu einem längeren Aufenthalte unter uns bestimmen wird. Er hat sich bereits im St. George Club eingefunden und mit verschiedenen Mitgliedern in so glänzendem Stile gespielt, dass er den im Vaterlande gewonnenen Ruf hier nur mehren wird."

Man vergleiche die Notizen unter No. 7. zum 1. Kap. S. 11.

Die Schachzeitung endlich sagt im Juli d. J. S. 238:

„Das Gerücht, Mr. Morphy wolle sich auf der Versammlung

zu Birmingham der alten Welt vorstellen, hat sich in der That bestätigt. Im Glauben an den früheren Termin hatte der junge transatlantische Meister die Reise angetreten und ist bereits zu Mitte Juni in London wirklich eingetroffen. Es wird berichtet, dass er mehrere Monate in Europa zubringen und wahrscheinlich auch nach Deutschland herüber kommen werde. So hat sich denn schneller, als wir erwartet, die im März gedachte Aussicht dargestellt, und indem wir im Namen der Freunde den Inhalt jenes Berichtes freudig begrüssen, wollen wir zugleich die Versicherung eines jederzeit freundlichen Willkommens dem werthgeschätzten Gast hier ausdrücklich wiederholen,“

Diese Aussprache wurde von dem Redacteur der Amerikanischen Monatsschrift freundllch aufgenommen und im September dieses Blattes mit folgenden herzlichen Worten erwiedert:

„The last Berlin Schachzeitung chronicles the arrival of our distinguished countrymen in Great Britain and expresses the earnest hope that he will favor the Prussian capital with a visit. It says that he will meet with a hearty welcome. Nothing would be more gratifying to the chess-world at large than to see Mr. Morphy, after contesting with the players of England, doing battle with the great Prussian masters Lange, Anderssen and Mayet.

4.

Die angedeutete Anekdote ist eine von den zahlreichen Erfindungen und verstellten Mittheilungen über Morphy's Aufenthalt in der alten Welt, welche in viele Tagesblätter, meist durch schlecht unterrichtete und eigentlichen Schachkreisen fernstehende sogenannte Correspondenten, Eingang gefunden haben. Wir werden dergleichen „niaiseries de la presse“ noch öfter und namentlich in Beziehung auf Deutschland begegnen. Hier interessirt uns zunächst jene auf Staunton bezügliche Anekdote, welche zuerst in den New-York Times als directe Mittheilung eines Londoner Correspondenten erschien und sodann durch viele andere Amerikanische Zeitungen die Runde machte. Der Artikel lautet übertragen folgendermassen:

„Mr. Morphy begab sich kurz nach seiner Landung in England eines Abends in den Cigar Divan und spielte dort mit dem bekannten Meister Löwe eine Partie, welche er sehr schnell und leicht gewann. Hierauf wandte er sich an den gerade hinzutretenden Mr. Staunton, den Britischen Coeur de Lion des ritterlichen Spieles. Dieser nahm ohne Weiteres die Aufforderung an, setzte sich zum Spiele nieder, räumte das Brett binnen zwanzig Minuten fast vollkommen von des Gegners Figuren und machte schon Miene, verächtlich vom Spiele aufzustehen, als ihn ein Schachruf festhielt, dem nach mehrmaliger Wiederholung ein unabweisliches Matt folgte. Man kann sich von der Ueberraschung des Englischen Heroen wie der Zuschauer eine Vorstellung machen! „Darf ich um Ihren Namen bitten, mein Herr“, fragte nun Mr. Staunton. „„Warum nicht?““ erwiderte sein so jugendlich aussehender Gegner, „„ich heisse Morphy.““ „Ah! aus Amerika?“ „„Allerdings.““ „Oh, da thut es mir sehr leid, dass ich mich augenblicklich nicht besser zum Spiele aufgelegt fühle, wenigstens könnte ich heut Abend keine zweite Partie spielen“, und mit diesen Worten empfahl sich Mr. Staunton. Der Vorfall hat eine grosse Sensation und kein geringeres Interesse in der Schachwelt erregt, als einst der Sieg der Victoria in der seemännischen Welt. Mr. Morphy hat jetzt einen Wettkampf mit Anderssen, dem Ungar (sic! Eine Verwechslung mit Löwenthal), arrangirt, und man wird nun das ganze Schach spielende England wohl bald mit starken Wetten beschäftigt sehen.“

5.

Ueber die Schachlokale London's sehe man folgenden Bericht in der Schachzeitung vom August S. 335:

„Mit der Förderung der Praxis in Verbindung steht die zunehmende Errichtung von Vergnügungsorten, welche ausschliesslich dem Dienste unseres edlen Spieles gewidmet sind. In erster Linie stehen hier der London Chess Club (City, Cornhill) und der St. George's Club (Westend, Kingstreet, St. James). Einige kleinere Clubs in Hackney, Citywood etc. verdienen Erwähnung; die meiste Anziehungskraft für Fremde dürfte aber Herrn Riess' Cigar Divan am Strand haben, ein prachtvolles Etablissement, das fast regelmässig von den bedeutendsten Schachmeistern Englands besucht wird. In neuster Zeit ist in einer sehr günstig gelegenen Gegend des Westend, nämlich in Rathbone Place, Oxford Street (der Pulsader London's) ein anderer, schnell beliebt gewordener Versammlungsort für Schachspieler eröffnet worden, es sind Mr. Stairie's Chess Rooms, die eine nach Aufhebung von Kling's Schachstube fühlbar gewordene Lücke ausfüllen und bereits den Versammlungsort für mehrere der besten Schachspieler London's bilden. Ein Turnier ist gegenwärtig daselbst im Gange, an welchem z. B. die Herren Brien, Campbell, Falkbeer, Zytogorski, Healey, Kenny u. A. Theil nehmen. Im Uebrigen absorbirt Morphy's Anwesenheit in London gegenwärtig vollständig die Aufmerksamkeit der Schachwelt und lenkt sie sogar von Birmingham ab. Herr Morphy ist eine sehr interessante Persönlichkeit: jung, geistreich, bescheiden, liebenswürdig, am Brette voll kühnen Selbstvertrauens, einen Ruf vor sich tragend, wie ihn bei seinem Alter noch wenig Schachspieler der Welt gehabt."

Achtes Kapitel.

Siege in England.

Nur kurze Frist war dem Wahne gegönnt, dass der transatlantische Meister den stolzen Erwartungen seiner Landsleute im Mutterlande unterliegen werde. Bald gewann er die lang bewunderte Kraft wieder und entwickelte seine wahre Stärke in den glänzendsten Siegen. 1)

Wenn Mr. Barnes, ein tüchtiges Mitglied des ersten Schachclub der Englischen Metropole, im Anfange mit vier gegen vier Gewinnen die Spitze bot, so erwuchs bei wiederkehrender Geistesfrische des jungen Meisters sehr bald das Selbstbewusstsein hoher Ueberlegenheit, und mit stolzem Worte: „Ich kann diesen Mann und ich werde ihn schlagen!“ errang er ein schliessliches Uebergewicht von neunzehn gegen sieben Spiele.

Aehnliche Erfolge brachten die Kämpfe mit anderen starken Spielern, theils mit theils ohne Vorgabe, und hatte die Englische Presse sich schon in süsse Träume der Behauptung vaterländischer Meisterschaft gewiegt, so sollte sie nun von Tag zu Tage immer staunenswerthere Thaten des fremden Helden berichten.

Seine persönlichen Vorzüge und noble Anschauungsweise führten aber die gehobene Meinung noch weiter bis zu wahrer Begeisterung, und bald konnten kaum genügende Worte der Anerkennung wie Bewunderung gefunden werden. Jene liebenswürdig harmlose Art des Umganges, welche stets gleich freundlich und zuvorkommend keinem exclusiven Kreise den Vorzug gab, jene ritterliche Gesinnung, welche grossherzig alle äusseren Bedingungen dem Partner anheimstellte und mit liberalem Stolze eine gebotene Entschädigungssumme zu Gunsten des allgemeineren Interesses zurückwies, mussten in einer Hauptstadt, deren Schachanhänger in so viele vereinzelte Coterien getheilt sind, überraschend warmen Anklang hervorrufen. 2)

So besuchte er nicht nur den St. George's Club, sondern auch den London Club; er fand sich im Cigar Divan wie in dem Philidorian-Lokal ein, und bescheiden hielt er, selbst angegangen zur Aeusserung, sich fern von allen Fragen nationaler oder parteilicher Bedeutung. Er entwickelte mit einem Worte alle Vorzüge eines echten Ritters des königlichen Spieles und wirkte in diesem Sinne auf die Massen um so mächtiger, je höher ihn die wirklichen Kampferfolge über alle bis dahin gekannten Grössen emporhoben.

Zwar sollte er noch nicht zu dem heiss ersehnten Wettkampfe mit Staunton gelangen, da dieser wohl die persönlich wiederholte Herausforderung angenommen, aber um Frist für die Ausführung gebeten hatte. Allein der siegreiche Fortgang der Wette gegen Löwenthal, welcher im vorjährigen Turnier zu Manchester das Englische Schachscepter errungen, und viele andere entschieden glücklich vollendete Kämpfe gegen ebenfalls anerkannte Meister begründeten von Tag zu Tage fester den Glauben an die Unüberwindlichkeit des Siegers.

Weder die geniale Combinationsfülle eines Bird, welcher

unter elf Spielen zehn verlor, noch die hohe theoretische wie praktische Meisterschaft eines Boden, welcher unter sechs Partien ebenfalls nur eine gewann, noch endlich die feste, solide Spielweise eines Owen und Loewe, von denen jener unter fünf nur eine, dieser von sechs Partien aber keine gewinnen sollte, konnten dem unwiderstehlichen Schachhelden der neuen Welt Stand halten. Hampton und Kipping, Medley und Mongredien, starke Spieler von bedeutendem Rufe, hatten nur Verlustpartien aufzuweisen, und die ganze Reihe der vielen Spieler, welche Vorgaben nahmen, vermochte ebenfalls trotz des gebotenen Vortheiles auch nicht ein einziges Mal den Sieg zu erzwingen. 3)

I. Gegen Barnes.

44. Partie.

(Spanische Partie.)

	Barnes. Weiss.	P. M. Schwarz.
1.	e2 — e4	e7 — e5
2.	Sg1 — f3	Sb8 — c6
3.	Lf1 — b5	Sg8 — f6
4.	d2 — d4	e5 — d4:
5.	e4 — e5	Sf6 — e4

Stärker wäre unmittelbare Ausführung der Rochade, worauf Sf6—e4: an 6. Tf1—e1 scheitern würde. Man vergleiche des Autors Lehrbuch §. 289 und Schachpartien No. 20.

	Weiss.	Schwarz.
6.	0 — 0	a7 — a6
7.	Lb5 — a4	Se4 — c5
8.	La4 — c6:	d7 — c6:
9.	Sf3 — d4:	Lf8 — e7
10.	Sb1 — c3	0 — 0

Stärker wäre wohl 10. f2—f4.

	Weiss.	Schwarz.
11.	Lc1 — e3	f7 — f6

Damit geht Schwarz zum Gegenangriff über.

	Weiss.	Schwarz.
12.	e5 — f6:	Tf8 — f6:
13.	Dd1 — e2	Tf6 — g6
14.	Kg1 — h1	Le7 — d6
15.	Ta1 — d1	Dd8 — h4
16.	f2 — f4	Lc8 — g4
17.	Sd4 — f3	Dh4 — h5
18.	Le3 — c5:	Ld6 — c5:
19.	Sc3 — e4	Lc5 — b6

Weiss.	Schwarz.
20. Se4 — g5	h7 — h6
21. De2 — e4†	Kg8 — h8
22. Sg5 — f7†	Kh8 — h7
23. Sf7 — e5	Tg6 — f6
24. Se5 — g4:	Dh5 — g4:
25. Sf3 — e5	Dg4 — e6
26. De4 — e4†	De6 — f5
27. De4 — f5:†	Tf6 — f5:
28. g2 — g4	Tf5 — f6

Mit diesem wie dem nächstfolgenden Zuge entblösst Weiss die Königsseite und giebt dem Gegner zu günstigen Schlusscombinationen Gelegenheit.

29. f4 — f5	Ta8 — e8
30. Se5 — g6	

Schw.

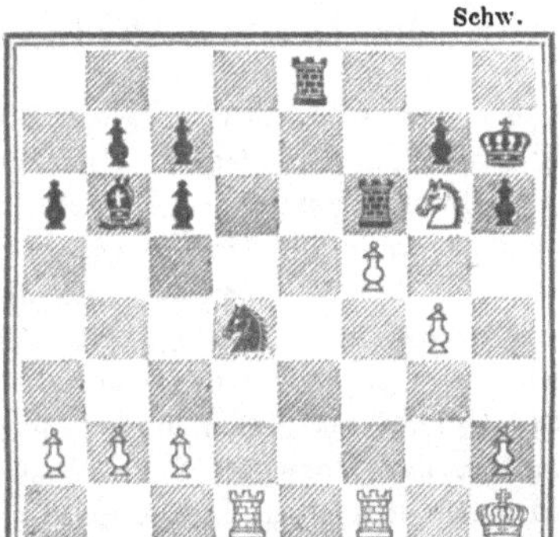

W.

Das nun folgende Endspiel bietet den interessanten Kampf von Thurm und Laufer gegen beide Thürme, in welchem der Meister besondere Gewandtheit hat. Daher wird, in Erwägung der entblössten Position des feindlichen Königs, das Opfer der Qualität nicht gescheut, woraus sich die jetzigen wie nächstfolgenden Züge erklären.

Weiss.	Schwarz.
30.	Te8 — e2
31. Td1 — d8	Tf6 — g6:
32. f5 — g6:†	Kh7 — g6:
33. Td8 — d7	Te2 — c2:
34. Tf1 — f7	Lb6 — d4

Man bemerke, in wie genialem Stile Schwarz die augenblicklich nothwendige Deckung des Punktes g7 berechnet hat.

35. Td7 — c7:	Tc2 — b2:

Weiss unterschätzt die Stärke der folgenden Manöver von Schwarz.

36. Tc7 — b7:	Tb2 — a2:
37. h2 — h4	a6 — a5
38. h4 — h5	Kg6 — g5
39. Tf7 — g7:	Kg5 — h4
40. Tb7 — e7	a5 — a4

und Schwarz gewinnt.

---

45. Partie.

(Unregelmässige Eröffnung.)

P. M. Weiss.	Barnes. Schwarz.
1. e2 — e4	f7 — f6

Die Unregelmässigkeit des Eröffnungszuges von Schwarz erklärt sich aus dessen Ueberzeugung von des Gegners grosser Vertrautheit mit allen regelmässigen Eröffnungsarten. Wir sehen deshalb den Meister hier von vorn herein ausschliesslich auf die Hülfsmittel seines eigenen Genius gewiesen und können insofern dieses Spiel als ein charakteristisches Bild von Vorzügen wie kleinen Schwächen seines Spieltypus annehmen. Es darf jedoch nicht übersehen werden, dass gegenwärtige Partie eine der frühesten ist, welche kurz nach Ankunft in England noch unter dem Drucke der anfänglichen Indisposition gespielt wurden und dass sich hieraus manche Mängel, welche sonst vermieden sein würden, deuten lassen. Auch liegt die Folgerung nahe, dass in späteren Spielen solcher Art der Meister die correctere Angriffsführung sehr bald gefunden und damit den Gegner zur Unterlassung der incorrecten Eröffnungsweise, über die auch weiter keine Partie aufbewahrt ist, gezwungen haben mag. Von Mr. Barnes ist aber vorliegendes Spiel mit grossem Geschick geführt und der in der Mitte gewonnene Vortheil energisch und wohlbedacht bis zum entscheidenden Ende festgehalten.

	Weiss.	Schwarz.
2.	d2 — d4	e7 — e6
3.	Lf1 — d3	Sg8 — e7
4.	Lc1 — e3	d7 — d5

Diese in geschlossenen Partien gewöhnlich beliebte frühe Entwicklung der beiden Laufer hinter die Mittelbauern gehört zum eigenthümlichen Typus des Meisters, welcher sie auch in dieser aussergewöhnlichen Eröffnung anwendet. Doch möchte gerade hier die Methode rapider Entwicklung der Königsseite durch 4. Sg1 — f3 nebst 5. 0—0 Vorzug verdienen; auch wäre 4. c2 — c4 zu berücksichtigen. Die Lauferstellung auf e3 birgt zufällig den ersten Keim späteren Nachtheiles insofern in sich, als nach dem Abtausche im 12. Zuge der seinen Platz besetzende Bauer auf e3 rückständig und zu einem schwachen Punkte wird. Man sieht hier den seltenen Fall, wie das auf Unkosten der Bauerführung beliebte Figurenspiel in einer Partie, wo gerade das richtige Verhältniss zwischen beiden Figurenarten zur vorzüglichen Geltung kommt, nachtheiligen Einfluss übt. Uebrigens bemerke man noch, dass die angedeutete Gewohnheit der frühen Laufer-entwicklung in den geschlossenen Partien gediegene theoretische Ueberzeugung als Folge gründlicher Studien zur Unterlage hat und dass die Quelle dieser Studien vorzüglich in neueren Werken, wie von v. Jaenisch und vom Autor (vgl. Kritik der Eröffnungen, 4. Kap.) zu suchen ist. Dieser Umstand tritt noch in manchen anderen Eröffnungscombinationen deutlich hervor und hat nicht wenig zur Ueberlegenheit des Meisters über seine Gegner beigetragen, welche ein gleich umfassendes Studium der modernen Forschungen kaum mit demselben Bewusstsein getrieben haben.

5.	Sb1 — c3	d5 — e4:
6.	Sc3 — e4:	Se7 — d5

Besser wäre 6. Ld3 — e4:, worauf freilich f6 - f5 geschehen kann, aber 7. Le4 — f3 nebst 8. Sg1 — e2 oder 8. Dd1 — d2 etc. dem Anziehenden eine gute Fortsetzung sichert.

7.	Sg1 — h3	Lf8 — e7

	Weiss.	Schwarz.
8.	Dd1 — h5	g7 — g6

Dieser Angriff ist vorzeitig; Rochade oder Le3 — d2 nebst c2 — c4 möchte Vorzug verdienen.

9.	Dh5 — h6	Le7 — f8
17.	Dh6 — h4	Lf8 — g7
11.	0 — 0	0 — 0
12.	c2 — c4	Sd5 — e3:

Hier unterschätzt Weiss den Nachtheil, welcher ihm in gegenwärtiger Position aus dem rückständigen Bauer e3 erwächst und der vom Gegner mit entschiedener vielleicht nicht erwarteter Energie ausgebeutet wird; der Zug c2 — c4 lässt den Königslaufer ungedeckt, nimmt dem Bauer d4 seine natürliche Stütze c2 — c3, zumal die Deckung durch den schwachen Bauer e3 sich als ungenügend herausstellt. Doch hätte die Partie wohl immer noch gehalten werden können, wenn der Meister nicht (seinem Charakter treu) auf die eigene Behauptung des Angriffes im 14. Zuge bestanden und dafür sofort Abtausch der Damen nebst Se4 — f2 vorgezogen hätte.

13.	f2 — e3:	f6 — f5
14.	Se4 — g5	h7 — h6

Man vergleiche den Schluss der vorstehenden Anmerkung.

15.	Sg5 — f3	e6 — e5
16.	Dh4 — d8:	Tf8 — d8:
17.	Ld3 — c2	e5 — d4:

Der entscheidende Verlust eines Bauers und des Angriffes ist jetzt unvermeidlich und wird vom Gegner mit anerkennenswerther Consequenz verfolgt. Man vergleiche die Anmerkung zum 12. Zuge.

	Weiss.	Schwarz.
18.	e3 — d4:	Lg7 — d4†
19.	Sf3 — d4:	Td8 — d4:
20.	Tf1 — e1	Kg8 — f7
21.	c4 — c5	Lc8 — e6
22.	Ta1 — d1	Sb8 — c6
23.	Td1 — d4:	Sc6 — d4:
24.	Lc2 — a4	g6 — g5
25.	Te1 — d1	Ta8 — d8
26.	a2 — a3	f5 — f4
27.	Sh3 — f2	Sd4 — e2†
28.	Kg1 — f1	Td8 — d1†
29.	La4 — d1:	Se2 — d4
30.	Kf1 — e1	Kf7 — f6
31.	Ke1 — d2	Sd4 — b3†

Sehr richtig erkennt Schwarz die Vortheile eines Laufers gegenüber dem Springer in gegenwärtigem Endspiele und benutzt ohne Säumen zur Herbeiführung dieses Verhältnisses die sich bietende Gelegenheit. Es sei hier der Erfahrung Ausdruck gegeben, dass überhaupt für ein Endspiel mit mehreren Bauern auf verschiedenen Flügeln sich der Laufer geschickter als der Springer erweist.

32.	Ld1 — b3:	Le6 — b3:
33.	Sf2 — g4†	Kf6 — g6
34.	g2 — g3	h6 — h5
35.	Sg4 — f2	Kg6 — f5

Schwarz spielt mit erfahrenem Positionsverständniss bis zum Schluss.

36.	Kd2 — c3	Lb3 — d5
37.	Kc3 — d4	c7 — c6
38.	b2 — b4	Ld5 — g2
39.	g3 — f4:	Kf5 — f4:

40. a3 — a4 Lg2 — f1

Hier offenbart sich deutlich der Vortheil des aus der Ferne nach verschiedenen Richtungen wirkenden Laufers.

	Weiss.	Schwarz.
41.	Sf2 — e4	h5 — h4
42.	Se4 — d2	Lf1 — e2
43.	Sd2 — e4	g5 — g4
44.	Se4 — f2	Kf4 — f3
45.	Sf2 — e4	Le2 — f1

Man könnte bei diesen wiederholten Springerzügen die gewohnte Energie des Meisters vermissen; wir erinnern deshalb an die Erklärung in der ersten Anmerkung.

	Weiss.	Schwarz.
46.	Kd4 — e5	Lf1 — d3
47.	Se4 — g5†	Kf3 — g2
48.	Ke5 — d6	Kg2 — h2:
49.	Kd6 — c7	Kh2 — g3
50.	Kc7 — b7:	h4 — h3

und Schwarz gewinnt.

---

46. Partie.

(Französisches Springerspiel.)

P. M. — Barnes.

	Weiss.	Schwarz.
1.	e2 — e4	e7 — e5
2.	Sg1 — f3	d7 — d6
3.	d2 — d4	e5 — d4:
4.	Lf1 — c4	Lf8 — e7

Richtiger ist zunächst Sg8 — f6.

5.	c2 — c3	d4 — d3

Bei d4 — c3: droht ebenfalls 6. Dd1 — b3 oder auch 6. Dd1 — d5, Lc8 — e6; 7. Dd5 — b7:

6.	Dd1 — b3	Lc8 — e6
7.	Lc4 — e6:	f7 — e6:
8.	Db3 — b7:	Sb8 — d7
9.	Db7 — b5	Sg8 — f6
10.	Sf3 — g5	Ta8 — b8
11.	Db5 — a4	0 — 0
12.	Sg5 — e6:	Sd7 — c5
13.	Se6 — c5:	d6 — c5:

	Weiss.	Schwarz.
14.	Da4 — c4†	Kg8 — h8
15.	0 — 0	Sf6 — g4
16.	f2 — f4	d3 — d2
17.	Lc1 — d2:	Tb8 — b2:
18.	h2 — h3	Tb2 — d2:
19.	Sb1 — d2:	Sg4 — e3:
20.	Dc4 — e2	Se3 — f1:
21.	Ta1 — f1:	Dd8 — d7

Jetzt hat zwar Schwarz bis auf einen Bauer die materiellen Kräfte wieder ausgeglichen, steht aber wegen der beiden feindlichen Mittelbauern im Nachtheil, den der Meister mit gewohnter Energie ausbeutet.

Siehe das umstehende Diagramm.

22.	Sd2 — c4	Dd7 — b5
23.	e4 — e5	Le7 — h4

Schw.

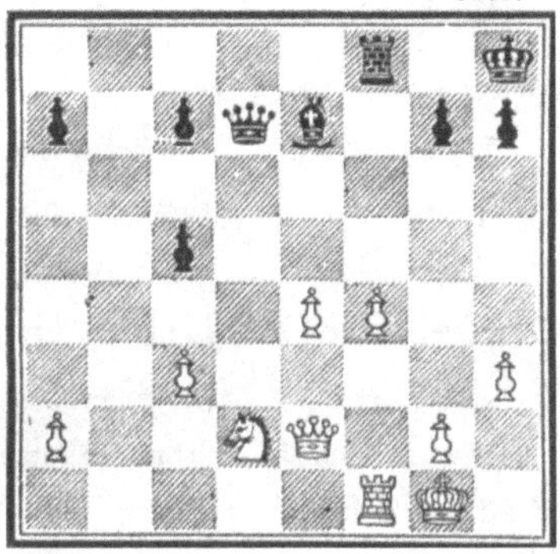

W.

	Weiss.	Schwarz.
24.	f4 — f5	Lh4 — e7
25.	De2 — g4	Db5 — d7
26.	Tf1 — d1	Dd7 — f5:

Durch dieses wohlberechnete Bauer-opfer erzwingt Weiss das unaufhaltsame Vordringen des freien Mittelbauern.

27.	Dg4 — f5:	Tf8 — f5:
28.	Td1 — d7	Le7 — f8

29. e5 — e6 und Weiss gewinnt.

---

47. Partie.

(Französisches Springerspiel.)

	Barnes. Weiss.	P. M. Schwarz.
1.	e2 — e4	e7 — e5
2.	Sg1 — f3	d7 — d6
3.	d2 — d4	f7 — f5
4.	d4 — e5:	f5 — e4:
5.	Sf3 — g5	d6 — d5
6.	e5 — e6	Lf8 — c5

Ueblicher und besser ist Sg8-h6. Der Lauferzug in diesem Momente ist vorzeitig und wird am einfachsten durch 7. Sg5—e4: widerlegt, worauf bei d5 — e4: Weiss sofort 8. Dd1—h5†, bei Lc5—b6 aber zunächst 8. Lc1—g5 etc droht.

7.	Sg5 — f7	Dd8 — f6

Weiss verfehlt hier die richtige Fortsetzung, vgl. die vorstehende Anmerkung.

	Weiss.	Schwarz.
8.	Lc1 — e3	d5 — d4
9.	Le3 — g5	Df6 — f5
10.	Sf7 — h8:	Df5 — g5:
11.	Lf1 — c4	Sb8 — c6
12.	Sh8 — f7	Dg5 — g2:

Es ist kein Grund vorhanden, warum hier Weiss die Sicherung seines Königsflügels, z. B. durch die Rochade, unterlässt.

13.	Th1 — f1	Sg8 — f6
14.	f2 — f3	Sc6 — b4

Der entscheidende Fehlzug, welcher der feindlichen Dame die Beherrschung der zweiten Linie öffnet und auf dieser Basis dem Gegner ein glänzendes Manöver gestattet.

15. Sb1 — a3

Schw.

W.

15.	.....	Lc8 — e6:
16.	Lc4 — e6:	Sb4 — d3†
17.	Dd1 — d3:	e4 — d3:

Man sieht, dass bei c2—d3: Matt in zwei Zügen droht. Vgl. die Anmerkung zum 14. Zuge,

	Weiss.	Schwarz.
18.	0-0-0	Lc5 — a3:
19.	Le6 — b3	d3 — d2†
20.	Kc1 — b1	La3 — c5
21.	Sf7 — e5	Ke8 — f8

Schwarz bereitet ohne Säumen die entscheidende Schlusswendung vor.

22.	Sc5 — d3	Ta8 — e8
23.	Sd3 — c5:	Dg2 — f1:

Weiss giebt die Partie auf.

---

48. Partie.

(Lauferspiel mit Berliner Vertheidigung.)

	P. M.	Barnes.
	Weiss.	Schwarz.
1.	e2 — e4	e7 — e5
2.	Lf1 — c4	Sg8 — f6
3.	Sg1 — f3	Sf6 — e4:
4.	Sb1 — c3	Se4 — c3:

Man vergleiche die Anmerkung zum 4. Zuge der 9. Partie, S. 49.

5.	d2 — c3:	f7 — f6
6.	0 — 0	Sb8 — c6
7.	Sf3 — h4	Dd8 — e7

Ein charakteristischer Springerangriff des Meisters.

8.	Sh4 — f5	De7 — c5
9.	Lc4 — b3	d7 — d5
10.	Lc1 — e3	Dc5 — a5

	Weiss.	Schwarz.
11.	Sf5 — h4	Lc8 — e6
12.	Dd1 — h5†	g7 — g6

So vorzeitig dieses Schach erscheint, so tief begründet und weit berechnet ist die darauf gestützte Combination. Es liegt Weiss vor Allem daran, die Entwicklung des Gegners, namentlich seine Rochade nach der Damenseite, zu hemmen. Geschieht nun Le6—f7, so folgt 13. Dh5 — g4 und Schwarz kommt sehr schwer zur Entwicklung; geschieht aber g7—g6, so leidet der Punkt f6 an grosser Schwäche, und man wird sehen, wie consequent dieser Nachtheil vom Meister ausgebeutet wird.

Weiss.	Schwarz.
13. Sh4 — g6:	Le6 — f7
14. Dh5 — h4	Lf7 — g6:
15. Dh4 — f6:	Th8 — g8
16. Ta1 — d1	Lf8 — e7
17. Df6 — e6	Lg6 — f7
18. De6 — h3	Sc6 — d8

Dieser Springerzug, welcher die Deckung c7 — c6 vorzubereiten bezweckt, ist schwach und sollte durch Ta8 — d8, wobei freilich die Rochade verloren geht, ersetzt werden. Die Fortsetzung zeigt, wie genial der Meister jener beabsichtigten Deckung zuvorkommt und dadurch die Vorausberechnung im 12. Zuge bestätigt.

Schw.

W.

19. f2 — f4 e5 — e4

Wir haben hier ein glänzendes Beispiel von jener vollendeten Kunst des Meisters, durch einfache Bauerzüge entscheidende Officierangriffe vorzubereiten und durch einleitende Bauerangriffe zunächst Deplacirung der feindlichen Officiere herbeizuführen.

20. Td1 — d5:	Lf7 — d5:
21. Dh3 — h5†	Ke8 — f8

Weiss.	Schwarz.
22. Lb3 — d5:	Tg8 — g7
23. b2 — b4	Da5 — a6

Dieser vorbereitende Bauerangriff sichert zunächst das Vorrücken des f-Bauers, deplacirt die feindliche Dame und öffnet dem Damenlaufer den Punkt c5.

24. f4 — f5 Sd8 — f7

Der Angriff der Weissen wird unwiderstehlich und giebt ein deutliches Zeugniss für die klare Voraussicht des Gegners. Das Qualitätopfer im 20. Zuge trägt jetzt reichliche Früchte, die vereinigte Kraft der beiden freiwirkenden Läufer wird zur tödtlichen Waffe in der Hand ihres genialen, energischen Leiters. Die entsprechenden Officiere des Gegners sind theils an den Rand gedrängt, theils auf ihrem Posten gehemmt. Der einzige Trost in dieser Positionsbedrängniss aber, das materielle Uebergewicht des Damenthurms, steht ohne reellen Einfluss fern in der Ecke, wo er nichts thut, während die Dame ihm dabei hilft.

25. f5 — f6 Le7 — f6:

Dieser und der nächstfolgende Bauerzug sind im vollendeten Stile des Meister zur entscheidenden Deplacirung der feindlichen Officiere bestimmt.

26. b4 — b5	Da6 — d6
27. Ld5 — f7:	b7 — b6

Man sieht nun, zu welchem Zwecke die Dame auf d6 gedrängt wurde.

28. Le3 — h6	Kf8 — e7
29. Lh6 — g7:	Lf6 — g7:
30. Lf7 — b3	Ta8 — f8

	Weiss.	Schwarz.
31.	Tf1 — f7†	Tf8 — f7:
32.	Dh5 — f7†	Ke7 — d8
33.	Df7 — g7:	Dd6 — d1†

Bei dem günstigen Stande des Bauers auf b5 kann Weiss, dem ein entscheidender Mattangriff gesichert bleibt, den Laufer ungefährdet nehmen.

	Weiss.	Schwarz.
34.	Kg1 — f2	Dd1 — d2†
35.	Kf2 — g3	e4 — e3
36.	Dg7 — f6†	Kd8 — c8
37.	Lb3 — e6†	Kc8 — b7
38.	Df6 — f3†	und Weiss gewinnt.

II. Gegen Boden.

49. Partie.

(Spanische Partie.)

P. M. — Boden.

	Weiss.	Schwarz.
1.	e2 — e4	e7 — e5
2.	Sg1 — f3	Sb8 — c6
3.	Lf1 — b5	Lf8 — c5
4.	c2 — c3	Dd8 — e7
5.	0 — 0	f7 — f6

Diese geschlossene Vertheidigung ist mangelhaft wegen des drohenden Angriffes des Damenbauers, der das schwarze Spiel völlig einengen kann.

	Weiss.	Schwarz.
6.	d2 — d4	Lc5 — b6
7.	Sb1 — a3	Sc6 — d8

Der stärkere Zug ist hier 7. d4-d5 nebst später folgendem Sf3 — h4, wobei die Entwicklung des schwarzen Spieles sehr gehemmt bleibt und Weiss zu günstigen directen Angriffen Gelegenheit finden wird.

	Weiss.	Schwarz.
8.	Sa3 — c4	Sd8 — f7
9.	Sc4 — e3	c7 — c6
10.	Se3 — f5	De7 — f8
11.	Lb5 — a4	g7 — g6
12.	Sf5 — e3	d7 — d6
13.	d4 — d5	Lc8 — d7
14.	d5 — c6:	b7 — c6:
15.	Se3 — c4	Ta8 — c8
16.	b2 — b3	Ld7 — e6
17.	Dd1 — d3	Df8 — e7
18.	Lc1 — a3	Le6 — c4:
19.	Dd3 — c4:	Ke8 — f8
20.	Ta1 — d1	c6 — c5
21.	Td1 — d3	Sg8 — h6
22.	Kg1 — h1	Kf8 — g7
23.	La3 — c1	Th8 — f8
24.	g2 — g4	Sh6 — g4:

Dies Baueropfer bezweckt lediglich Oeffnung einer Angriffslinie für die Thürme.

	Weiss.	Schwarz.
25.	h2 — h3	Sg4 — h6
26.	Tf1 — g1	Kg7 — h8
27.	Sf3 — h4	Tf8 — g8
28.	Td3 — g3	g6 — g5
29.	Sh4 — f5	Sh6 — f5:
30.	e4 — f5:	De7 — b7†
31.	Tg1 — g2	d6 — d5
32.	Dc4 — g4	Sf7 — h6
33.	Dg4 — h5	Sh6 — f5:
34.	Tg3 — f3	Sf5 — g7

Auf Sf5 — h4 würde Weiss durch 25. Tf3 — f6: Sh4 — g2; 36. Tf6 — f7 in Vortheil kommen.

	Weiss.	Schwarz.
35.	Dh5 — h6	Lb6 — d8
36.	Tf3 — f6:	Ld8 — f6:
37.	Dh6 — f6:	Tc8 — f8
38.	Df6 — e5:	Tf8 — f5
39.	De5 — e3	d5 — d4
40.	c3 — d4:	Tf5 — f3
41.	De3 — e2	c5 — d4:
42.	Lc1 — g5:	d4 — d3
43.	De2 — d2	Db7 — d5
44.	b3 — b4	Tg8 — f8
45.	Lg5 — h6	Tf3 — h3†
46.	Kh1 — g1	Tf8 — g8
47.	Lh6 — g5	Dd5 — d4
48.	Dd2 — f4	Dd4 — a1†
49.	Df4 — c1	Da1 — e5
50.	Lg5 — h6	Sg7 — e8
51.	Tg2 — g8†	Kh8 — g8
52.	La4 — b3†	Kg8 — h8
53.	Lh6 — f4	De5 — g7†
54.	Lf4 — g3	Th3 — h5
55.	Dc1 — d1	Th5 — e5
56.	Dd1 — d3:	Te5 — e1†

57. Kg1 — g2 und nach einigen Zügen ergab sich Remis.

---

50. Partie.

(Abgelehntes Königsgambit.)

	P. M. Weiss.	Boden. Schwarz.
1.	e2 — e4	e7 — e5
2.	f2 — f4	Lf8 — c5
3.	Sg1 — f3	d7 — d6
4.	c2 — c3	Lc8 — g4

Die von der Theorie empfohlene und vom Meister mit Vorliebe adoptirte Fortsetzung des Angriffs. Gleich gut wäre aber auch 4. Lf1 — c4.

	Weiss.	Schwarz.
5.	Lf1 — e2	Sb8 — c6

Besser wäre Lg4 — f3: nebst Dd8 — f6.

	Weiss.	Schwarz.
6.	b2 — b4	Lc5 — b6
7.	b4 — b5	Sc6 — a5

Besser wäre Sc6 — e7.

	Weiss.	Schwarz.
8.	d2 — d4	Lg4 — f3:
9.	Le2 — f3:	e5 — d4:
10.	c3 — d4:	Dd8 — f6
11.	Lc1 — e3	Sa5 — c4
12.	Le3 — f2	Df6 — f4:

Jetzt hat Schwarz zwar einen Bauer gewonnen, dem Gegner aber erfolgreiche Entwicklung und Angriffsstellung gestattet.

	Weiss.	Schwarz.
13.	0 — 0	Sg8 — f6
14.	Dd1 — d3	Sc4 — a5
15.	Sb1 — c3	0 — 0
16.	g2 — g3	Df4 — h6
17.	Kg1 — g2	Ta8 — e8
18.	Ta1 — e1	Kg8 — h8
19.	Lf2 — e3	Dh6 — g6
20.	Sc3 — e2	h7 — h6
21.	Le3 — d2	d6 — d5
22.	Se2 — f4	Dg6 — h7
23.	e4 — e5	Dh7 — d3:
24.	Sf4 — d3:	Sa5 — c4
25.	Ld2 — b4	Sf6 — e4
26.	Lb4 — f8:	Te8 — f8:
27.	Sd3 — f4	Se4 — d2
28.	Lf3 — d5:	Sd2 — f1:
29.	Ld5 — c4:	Sf1 — d2
30.	Lc4 — d5	Lb6 — d4;
31.	e5 — e6	g7 — g5

Ein Bauermanöver im Stile des Meisters.

	Weiss.	Schwarz.
32.	e6 — e7	Tf8 — e8
33.	Ld5 — f7:	g5 — f4:
34.	g3 — f4:	Te8 — e7:

35. Te1 — e7: und Weiss gewinnt.

---

51. Partie.

(Französisches Springerspiel.)

	Boden. Weiss.	P. M. Schwarz.
1.	e2 — e4	e7 — e5
2.	Sg1 — f3	d7 — d6
3.	d2 — d4	e5 — d4:
4.	Dd1 — d4:	Lc8 — d7

Besser wäre wohl, sogleich Sb8-c6 zu spielen, um den Gegner zum Zuge Lf1 — b5, worauf dann Lc8-d7 folgt, zu nöthigen.

	Weiss.	Schwarz.
5.	Lc1 — e3	Sb8 — c6

Weiss benutzt das gewährte Tempo sofort zur Entwicklung des Laufers, um für die Dame das Feld d2 zu gewinnen. Ueberhaupt wird diese Partie vom Gegner Morphy's mit hoher Meisterschaft geführt.

	Weiss.	Schwarz.
6.	Dd4 — d2	Sg8 — f6
7.	Lf1 — d3	Lf8 — e7

Weiss.	Schwarz.
8. Sb1 — c3	0 — 0
9. 0 — 0	h7 — h6

Die rapide Entwicklung des weissen Spieles erinnert an die gleiche Energie des Meisters selbst, welcher hier gleichsam durch seine eigenen Waffen geschlagen wird.

10. h2 — h3	Sf6 — h7
11. g2 — g4	h6 — h5
12. Sf3 — h2	h5 — g4:
13. h3 — g4:	Sc6 — e5
14. f2 — f3	g7 — g5
15. Kg1 — g2	c7 — c5

Beide Parteien streben nach Beherrschung der offenen Thurmlinie.

16. Tf1 — h1	Kg8 — g7
17. Sh2 — f1	Tf8 — h8
18. Sf1 — g3	f7 — f6
19. Sc3 — d5	Sh7 — f8

Die von Mr. Boden so geschickt benutzte Schwäche in der gedrückten Vertheidigung 2. d7 — d6 macht sich jetzt immer mehr fühlbar. Man sehe die Anmerkung zum 23. Zuge.

20. Sg3 — h5†	Kg7 — f7
21. Ta1 — d1	Sf8 — g6

Weiss benutzt mit grosser Consequenz die Mängel in der feindlichen Mittelposition.

22. Ld3 — e2	Sg6 — h4†
23. Kg2 — f2	Ld7 — c6

Man sehe folgendes Diagramm.

Jetzt stehen beide Parteien auf dem Königsflügel geradezu identisch. Im Centrum aber hat Weiss überwiegende

Schw.

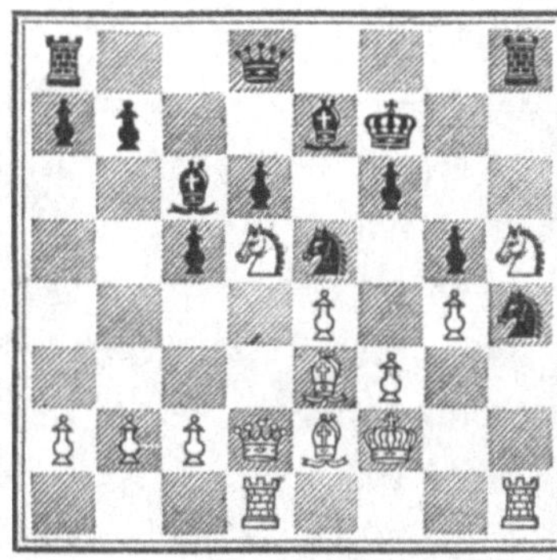

W.

Terrainfreiheit als wohlverdiente Consequenz seiner energischen Benutzung der von Schwarz gewählten Vertheidigungsart. Die gerügten Mängel der letzteren, welche vorzüglich in Schwäche des Punktes d6 bestehen, werden jetzt zum entscheidenden Nachtheil.

Weiss.	Schwarz.
24. S d5 — e7:	D d8 — e7:
25. D d1 — d6:	b7 — b6
26. D d6 — e7†	K f7 — e7:

Noch stärker ist vielleicht T h1 — h4: nebst f3 — f4.

27. S h5 — g3	K e7 — f7
28. T d1 — d6	K f7 — e7
29. T d6 — d2	K e7 — f7
30. f3 — f4	g5 — f4:
31. L e3 — f4:	S h4 — g6
32. L f4 — h6	T h8 — h7
33. K f2 — e3	T a8 — h8
34. S g3 — f5	S g6 — e7
35. S f5 — e7:	K f7 — e7:

Weiss spielt auch den Schluss mit vollendeter Meisterschaft.

Schw.

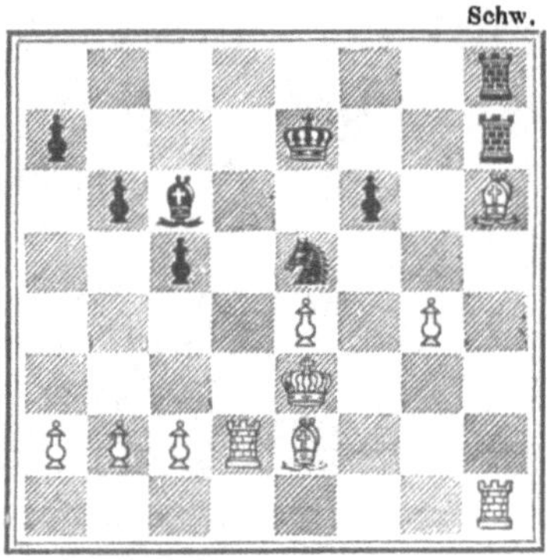

W.

	Weiss.	Schwarz.
36.	g4 — g5	Ke 7 — e6
37.	T h1 — d1	f6 — g5:
38.	T d2 — d6†	K e6 — f7
39.	L e2 — h5†	K f7 — e7
40.	L h6 — g5†	K e7 — f8
41.	T d1 — f1†	Aufgegeben.

---

52. Partie.

(Italiänische Variante des Schottischen Gambits.)

	P. M. Weiss.	Boden. Schwarz.
1.	e2 — e4	e7 — e5
2.	S g1 — f3	S b8 — c6
3.	d2 — d4	e5 — d4:
4.	L f1 — c4	L f8 — c5
5.	0 — 0	d7 — d6
6.	c2 — c3	S g8 — f6

Damit gestattet Schwarz dem Gegner die Besitznahme des Centrums, welche dieser mit gewohnter Energie benutzt. Gewöhnlich wird d4 — c3: empfohlen, wobei freilich der Angriff 7. D d1 — b3 stark wird. Mit S g8 — f6 ergiebt sich folgender Anfang der Italienischen Partie: 1. e2 - e4 e7 — e5; 2. S g1 — f3 S b8 — c6; 3. L f1 — c4 L f8 — c5; 4. c2 — c3 d7 — d6; 5. 0 — 0 S g8 — f6; 6. d2 — d4 e5 — d4: oder auch 4. 0 — 0 d7 — d6; 5. c2 — c3 S g8 — f6; 6. d2 — d4 e5 — d4: u. s. w.

	Weiss.	Schwarz.
7.	c3 — d4:	L c5 — b6
8.	S b1 — c3	0 — 0

Ueblicher und besser erscheint L c8 — g4.

9.	d4 — d5	S c6 — a5

Dieser Angriff des Damenbauers, welcher zum eigenthümlichen Stile des Meisters gehört, ist gut und sicher; er ist empfohlen vom Autor in der Schachzeitung vom Januar 1857, S. 15.

10.	L c4 — d3	c7 — c5
11.	L c1 — g5	h7 — h6
12.	L g5 — h4	L c8 — g4
13.	h2 — h3	L g4 — h5
14.	g2 — g4	L h5 — g6
15.	D d1 — d2	T f8 — e8

	Weiss.	Schwarz.
16.	T a1 — e1	L b6 — c7

Jetzt hat Weiss den höchsten Grad der Entwicklung erreicht und geht nun zu directen Angriffen über.

	Weiss.	Schwarz.
17.	S c3 — b5	K g8 — h7
18.	L h4 — f6:	g7 — f6:
19.	S b5 — c7:	d8 — c7:
20.	D d2 — c3	D c7 — d8
21.	S f3 — h4	b7 — b6
22.	f2 — f4	K h7 — g7

Der entscheidende Angriffszug.

	Weiss.	Schwarz.
23.	S h4 — g6:	f7 — g6:
24.	e4 — e5	T a8 — c8
25.	L d3 — b1	K g7 — f7
26.	e5 — e6†	K f7 — g7
27.	D c3 — d3	f6 — f5
28.	g4 — f5:	D d8 — f6
29.	f5 — g6:	D f6 — b2:
30.	f4 — f5	D b2 — f6
31.	e6 — e7	c5 — c4
32.	D d3 — g3	c4 — c3
33.	T e1 — e6	D f6 — d4†
34.	D g3 — f2	D d4 — d5:
35.	f5 — f6†	Aufgegeben.

Diese Partie bietet das seltene Beispiel eines consequenten Bauerangriffes von Seiten des Meisters. Es könnte jetzt noch folgen K g7 — h8; 36. g6 — g7† K h8 — g8; 37. f6 — f7† und man hat drei verbundene Bauern auf der siebenten Reihe, wie sie eine ähnliche Schlusswendung in einer Partie von Labourdonnais darbietet.

III. Gegen Bird.

53. Partie.

(Abgelehntes Königsgambit.)

	P. M. Weiss.	Bird. Schwarz.
1.	e2 — e4	e7 — e5
2.	f2 — f4	L f8 — c5
3.	S g1 — f3	d7 — d6
4.	c2 — c3	L c8 — g4
5.	L f1 — c4	S b8 — c6
6.	b2 — b4	L c5 — b6
7.	a2 — a4	a7 — a6
8.	h2 — h3	L g4 — f3:
9.	D d1 — f3:	S g8 — f6
10.	d2 — d3	D d8 — e7
11.	f4 — f5	T a8 — d8

Hier hätte vielleicht h7 — h6 geschehen können.

	Weiss.	Schwarz.
12.	L c1 — g5	S c6 — b8
13.	S b1 — d2	c7 — c6
14.	S d2 — f1	d6 — d5
15.	L c4 — b3	D e7 — d6
16.	S e1 — g3	0 — 0

Diese consequente Heranführung des Springers erinnert an die Spielweise unseres Meister Anderssen.

	Weiss.	Schwarz.
17.	S g3 — h5	d5 — e4:

Schwach wäre S b8 — d7 wegen Abtausch auf f6 und d5.

18.	d3 — e4:	S f6 — h5:
19.	T a1 — d1	D d6 — c7

Jetzt erweist sich der Bauer auf f5 als eine entscheidende Angriffsstütze.

20.	L g5 — d8:	T f8 — d8:
21.	T d1 — d8†	D c7 — d8:
22.	D f3 — h5:	L b6 — e3

	Weiss.	Schwarz.
23.	D h5 — d1	D d8 — h4†
24.	K e1 — e2	L e3 — b6
25.	K e2 — d3	S b8 — d7
26.	D d1 — g4	D h4 — f2

13. f5 — f6 und Weiss gewinnt.

Diese Partie bietet den seltenen Fall einer vom Meister unterlassenen Anwendung der Rochade und die Durchführung eines Flügelangriffes durch successive Heranholung der entscheidend einwirkenden Figur.

---

54. Partie.

(Französisches Springerspiel.)

	Bird.	P. M.
	Weiss.	Schwarz.
1.	e2 — e4	e7 — e5
2.	S g1 — f3	d7 — d6
3.	d2 — d4	f7 — f5
4.	S b1 — c3	f5 — e4:

Eine kaum empfehlenswerthe Abweichung von der stärkeren Spielart 4. L f1 — c4 oder 4. d4 — e5:

5.	S c3 — e4:	d6 d5
6.	S e4 — g3	e5 — e4

Hier verdient 6. S f3 — e5: Beachtung, obwohl vielleicht d5 — e4: 7. D d1 — h5† g7 — g6; 8. S e5 — g6: h7 — g6: 9. D h5 — g6† K e8 — d7; oder 9. D h5 — h8: S g8 — f6 Schwarz schliesslich günstig gestellt hätte.

	Weiss.	Schwarz.
7.	S f3 — e5	S g8 — f6
8.	L c1 — g5	L f8 — d6
9.	S g3 — h5	0 — 0
10.	D d1 — d2	D d8 — e8

Abtausch auf f6 würde Schwarz nach g7 — f6: ein starkes Spiel geben.

11.	g2 — g4	S f6 — g4:
12.	S e5 — g4:	D e8 — h5:
13.	S g4 — e5	S b8 — c6
14.	L f1 — e2	D h5 — h3
15.	S e5 — c6:	b7 — c6:
16.	L g5 — e3	T a8 — b8

Dieser einfache Thurmzug bezweckt

im Voraus die Einleitung einer höchst eleganten Combination.

Weiss.	Schwarz.
17. 0 — 0 — 0	

Schw.

W.

17.	T f8 — f2:
18. L e3 — f2:	D h3 — a3
19. c2 — c3	D a3 — a2:

Man versuche andere Spielarten für Weiss, und man wird sich immer mehr von der Tiefe der Combination des Meisters überzeugen.

Weiss.	Schwarz.
20. b2 — b4	D a2 — a1†

Bei D d2 — c2 kann T b8 — b2: nebst L d6 — a3 etc. die Folge sein.

21. K c1 — c2	D a1 — a4†
22. K c2 — b2	L d6 — b4:
23. c3 — b4:	T b8 — b4†
24. D d2 — b4:	D a4 — b4†
25. K b2 — c2	e4 — e3

Das bekannte Baueropfer.

26. L f2 — e3:	L c8 — f5†
27. T d1 — d3	D b4 — c4†

Man sieht, dass L e2 — d3 sofort an demselben Damenzuge scheitert.

28. K c2 — d2	D c4 — a2†
29. K d2 — d1	D a2 — b1†

und Schwarz gewinnt.

---

55. Partie.

(Evans Gambit.)

P. M.	Bird.
Weiss.	Schwarz.
1. e2 — e4	e7 — e5
2. S g1 — f3	S b8 — c6
3. L f1 — c4	L f8 — c5
4. b2 — b4	L c5 — b4:
5. c2 — c3	L b4 — c5
6. d2 — d4	e5 — d4:
7. c3 — d4:	L c5 — b6
8. 0 — 0	d7 — d6

Weiss.	Schwarz.
9. d4 — d5	S c6 — a5

Dieser bei Labourdonnais und Anderssen beliebte Angriff des Damenbauers erfreut sich auch der Gunst des transatlantischen Meisters und liegt im Prinzip jener rapiden Angriffsweise, welche dem Gegner stetige Hemmung anlegt und möglichst jedes freie Tempo abzuschneiden sucht. Wesentliche Grundlage bildet hierbei der Druck auf die feindliche Mitte, nämentlich auf den Punkt d6, und in ähnlicher Weise findet sich dieser Angriffstypus in der spanischen Partie wie in der sicilianischen Eröffnung wieder. Mit durchdachter Klarheit ist übrigens in allen erwähnten Eröffnungsarten jene Angriffsweise zuerst gleichmässig von einem gründlichen Kenner und früheren starken Praktiker des Spieles, Herrn **Müller** zu Torgau (früheren Mitgliede der Berliner Gesellschaft und Gegner von Hanstein, vgl. Schachzeitung von 1849), in Vorschlag und Anwendung gebracht.

	Weiss.	Schwarz.
10.	e4 — e5	S a5 — c4:
11.	D d1 — a4†	L c8 — d7
12.	D a4 — c4:	d6 — e5:
13.	S f3 — e5:	D d8 — f6

Hier verdient wohl S g8 — f6 Vorzug.

14.	S e5 — d7:	K e8 — d7:
15.	D c4 — g4†	K d7 — e8
16.	L c1 — g5	D f6 — g6

Nimmt die Dame den Thurm, so wird Schwarz in ungefähr acht Zügen matt.

	Weiss.	Schwarz.
17.	S b1 — c3	S g8 — f6
18.	T a1 — e1†	K e8 — f8
19.	D g4 — b4†	K f8 — g8
20.	L g5 — f6:	D g6 — f6:
21.	S c3 — e4	D f6 — g6
22.	K g1 — h1	h7 — h5
23.	f2 — f4	h5 — h4
24.	f4 — f5	Dg6 — h5

Der bekannte entscheidende Angriff des fBauers!

25.	T f1 — f4	f7 — f6
26.	S e4 — f6†	g7 — f6:
27.	T f4 — g4†	D h5 — g4:
28.	D b4 — g4†	K g8 — f8
29.	T e1 — e6	T h8 — h6
30.	D g4 — f4	K f8 — g7
31.	T e6 — e7†	Aufgegeben.

IV. Gegen Owen.

56. Partie.

(Griechische Partie oder Fianchetto di Donna.)

	P. M.	Owen.
	Weiss.	Schwarz.
1.	e2 — e4	b7 — b6

Ueber den Namen dieser Eröffnung vergleiche man des Autors Schachpartien, S. 198 unten.

2.	d2 — d4	L c8 — b7

	Schwarz.	Weiss.
3.	L f1 — d3	e7 — e6
4.	S g1 — h3	c7 — c5
5.	c2 — c3	S b8 — c6
6.	L c1 — e3	S g8 — f6

Hier erscheint der Zug des Damenlaufers, nachdem die Mitte durch c2 — c3 hinreichend gesichert ist, correcter als in Partie 45.

Weiss.	Schwarz.
7. S b1 — d2	c5 — d4:
8. c3 — d4:	L f8 — b4
9. 0 — 0	L b4 — d2:
10. D d1 — d2:	S c6 — e7
11. f2 — f3	S e7 — g6
12. T a1 — c1	0 — 0
13. L e3 — g5	h7 — h6

Dieser beliebte Fesselungszug des Laufers erscheint hier ohne den sonstigen Nachdruck.

14. L g5 — f6:	D d8 — f6:
15. e4 — e5	D f6 — h4
16. L d3 — b5	T f8 — d8
17. T c1 — c7	L b7 — c6

Ein Fehler von Weiss, dessen künftige richtigere Benutzung Schwarz zum Sieg geführt haben würde.

18. L b5 — e2	S g6 — e7

Bei L b5 — c6: wäre der Punkt d4 unhaltbar geworden.

19. S h3 — f4	D h4 — g5
20. T f1 — d1	T d8 — f8

Weiss.	Schwarz.
21. D d2 — c1	S e7 — f5
22. g2 — g4	S f5 — h4

Hier käme S f5 — d4: in Frage: man sehe die für Schwarz nicht ungünstige Fortsetzung: 23. T d1 — d4: D g5 — e5: 24. T d4 — d7: L c6 — d7: 25. T c7 — d7: g7 g5 etc.

23. K g1 f2	D g5 — d8
24. T c7 — c6:	d7 — c6:
25. D c1 — c6:	T a8 — c8
26. D c6 — e4	D d8 — g5
27. L e2 — d3	g7 — g6
28. T d1 — g1	T c8 — c7
29. S f4 — e2	f7 — f5

Ein Fehler von Schwarz. Hier ist der Wendepunkt des Spieles.

30. g4 — f5:	D g5 — f5:
31. D e4 — f5:	e6 — f5:
32. S e2 — f4	T c7 — c6
33. d4 — d5	T c6 — c5
34. S f4 — g6:	S h4 — g6:

35. T g1 — g6† und Weiss gewinnt.

V. Gegen Hampton.

57. Partie.

(Evans Gambit.)

P. M. Weiss.	Hampton. Schwarz.
1. e2 — e4	e7 — e5
2. S g1 — f3	S b8 — c6

Weiss.	Schwarz.
3. L f1 — c4	L f8 — c5
4. b2 — b4	L c5 — b4:

	Weiss.	Schwarz.
5.	c2 — c3	L b4 — c5
6.	0 — 0	d7 — d6
7.	d2 — d4	e5 — d4:
8.	c3 — d4:	L c5 — b6
9.	S b1 — c3	S g8 — f6

Ueblicher ist und besser erscheint L c8 — g4 mit der Absicht, auf 10. D d1 — a4 oder 10. L c4 — b5 den Laufer nach d7 zurückzuziehen.

10.	e4 — e5	d6 — e5:
11.	L c1 — a3	L c8 — g4

Jetzt kommt der Zug des Laufers verspätet und der Rückzug auf h5 deplacirt ihn, wie der Angriff im 16. Zuge beweist.

	Weiss.	Schwarz.
12.	D d1 — b3	L g4 — h5
13.	d4 — e5:	S f6 — g4
14.	T a1 — d1	D d8 — c8
15.	e5 — e6	f7 — f6

Mit unaufhaltsamer Energie benutzt Weiss die derangirte Officierstellung des schwarzen Spieles.

16.	D b3 — b5	L h5 — g6

17. L c4 — d5 und Weiss muss gewinnen.

VI. Gegen Medley.

58. Partie.

(Kieseritzky Gambit.)

	P. M. Weiss.	Medley. Schwarz.
1.	e2 — e4	e7 — e5
2.	f2 — f4	e5 — f4:
3.	S g1 — f3	g7 — g5
4.	h2 — h4	g5 — g4
5.	S f3 — e5	S g8 — f6
6.	L f1 — c4	d7 — d5
7.	e4 — d5:	L f8 — d6
8.	d2 — d4	S f6 — h5
9.	S b1 — c3	L c8 — f5

Noch stärker scheint 9. L c4 — b5†. Für Schwarz käme f7 — f6 in Betracht.

	Weiss.	Schwarz.
10.	S c3 — e2	D d8 — f6
11.	S e2 — f4:	S h5 — g3
12.	S f4 — h5	S g3 — h5:
13.	L c1 — g5	L d6 — b4†

Einfacher und besser wäre wohl D f6 — g7.

14.	c2 — c3	D f6 — d6
15.	0 — 0	S h5 — g7
16.	T f1 — f5:	S g7 — f5:
17.	D d1 — g4:	S f5 — e7
18.	T a1 — e1	h7 — h5

Dieser Zug von Schwarz ist für den Plan des Gegners nur förderlich.

19.	D g4 — f3	T h8 — h7

	Weiss.	Schwarz.
20.	L c4 — b5†	c7 — c6
21.	d5 — c6:	b7 — c6:
22.	S e5 — c6:	S b8 — c6:
23.	L b5 — c6†	K e8 — f8
24.	L g5 — e7†	D d6 — e7:
25.	T e1 — e7:	L b4 — e7:
26.	L c6 — a8:	und Weiss gewinnt.

VII. Gegen Kipping.

59. Partie.

(Evans Gambit.)

	P. M.	J. S. Kipping.
	Weiss.	Schwarz.
1.	e2 — e4	e7 — e5
2.	Sg1 — f3	Sb8 — c6
3.	Lf1 — c4	Lf8 — c5
4.	b2 — b4	Lc5 — b4:
5.	c2 — c3	Lb4 — a5
6.	d2 — d4	e5 — d4:
7.	0 — 0	d7 — d6

Wir haben schon öfter Gelegenheit zu der Andeutung gehabt, dass uns auch an dieser Stelle Sg8 — f6 der stärkere Zug scheint. (Vgl. 10. und 36. Partie.)

8.	Dd1 — b3	Dd8 — f6

Das Handbuch räth zu Dd8—e7, indem es Dd8 — f6 (No. 26, S. 144, 3. Aufl.) mit 9. c3 — d4: La5 — b6; 10. e4 — e5 d6 — e5; 11. d4 — e5: Df6—e7; 12. Sf3—g5 zu Gunsten von Weiss ausführt. Die Praxis des Meisters giebt aber hier 11. Df6 - g6 den Vorzug, vgl. 12. Partie.

9.	e4 — e5	d6 — e5:
10.	Tf1 — e1	La5 — b6

Besser wäre Lc8 — d7, vgl. 36. Partie, S. 104. Ausserdem sehe man 13. Partie, S. 54.

	Weiss.	Schwarz.
11.	Lc1 — g5	Df6 — f5
12.	Sf3 — e5:	Sc6 — e5:
13.	f2 — f4	d4 — c3†
14.	Kg1 — h1	Lb6 — d4
15.	Sb1 — c3:	Ke8 — f8
16.	Ta1 — d1	Se5 — c4:
17.	Db3 — c4:	Lc8 — e6
18.	Dc4 — d4:	f7 — f6
19.	Sc3 — e4	b7 — b6
20.	Se4 — g3	Df5 — c5
21.	Dd4 — c5†	b6 — c5:
22.	Te1 — e6:	f6 — g5:
23.	f4 — g5:	g7 — g6
24.	h2 — h4	Kf8 — f7
25.	Te6 — e5	h7 — h6

Weiss.	Schwarz.
26. Sg3 — e4	h6 — g5:
27. Se4 — g5†	Kf7 — f6
28. Te5 — e6†	Kf6 — f5
29. Td1 — d5†	Kf5 — g4
30. Te6 — e4†	Aufgegeben.

---

60. Partie.

(Evans Gambit.)

Kipping. Weiss.	P. M. Schwarz.
1. e2 — e4	e7 — e5
2. Sg1 — f3	Sb8 — c6
3. Lf1 — c4	Lf8 — c5
4. b2 — b4	Lc5 — b4:
5. c2 — c3	Lb4 — c5
6. d2 — d4	e5 — d4:
7. c3 — d4:	Lc5 — b6
8. d4 — d5	Sc6 — a5

Vor der Rochade scheint dieser Angriff unzeitig. Die vom Meister gewählte Zugfolge besteht in 8. 0—0 d7 — d6; 9. d4 — d5 Sc6 — a5; 10 e4 — e5 Sa5 — c4:, worauf nun 11. Dd1 — a4† geschehen kann, vgl. 55. Partie. Man sieht übrigens, wie Weiss ausserdem den Angriff nicht in dem kräftigen Stile des Meisters festhält, sodass dieser bereits im 12. Zuge den Gegenangriff aufzunehmen vermag.

Weiss.	Schwarz.
9. Lc4 — d3	d7 — d6
10. Lc1 — b2	Sg8 — f6
11. h2 — h3	0 — 0
12. 0 — 0	Sf6 — h5

Dieser beim Meister sehr beliebte Springerzug, welcher die schleunige Expedition des f-Bauers fördert, leitet nun den vorgedachten Gegenangriff ein.

Weiss.	Schwarz.
13. Dd1 — d2	f7 — f5
14. Sb1 — a3	Sh5 — g3
15. Tf1 — e1	f5 — e4:
16. Ld3 — e4:	Lc8 — f5
17. Le4 — f5:	Sg3 — f5:
18. Te1 — e4	Dd8 — d7
19. Lb2 — c3	Lb6 — c5
20. Sa3 — c2	b7 — b6
21. Dd2 — g5	Ta8 — e8
22. Ta1 — e1	Te8 — e4:
23. Te1 — e4:	h7 — h6
24. Dg5 — g4	Tf8 — f7
25. Te4 — e6	c7 — c6

Bei der nun folgenden Angriffsverwicklung bewährt sich des Meisters tiefer Blick und Gewandtheit im Officierspiel.

Weiss.	Schwarz.
26. Sc2 — d4	c6 — d5:

	Weiss.	Schwarz.
27.	Dg4 — g6	Sf5 — e7
28.	Dg6 — g3	Sa5 — c6
29.	Sd4 — c6:	Dd7 — e6:
30.	Sc6 — d8	De6 — g6

und Schwarz gewinnt.

Glossarium.

1.

Ueber die ersten Leistungen Morphy's in England sprach sich zunächst G. Walker in Bells Life dahin aus, dass Mr. Morphy wohl die Strapazen der Seereise noch nicht überwunden oder seine Gegner zu leicht genommen haben müsse, da seine ersten Spielerfolge kaum den hochgespannten Erwartungen nahe gekommen wären:

> „Mr. Morphy has played some chess games in London, but probably has not recovered the fatigues of his voyage from America or has taken his opponents too lightly, the result of his play hitherto being hardly up to what was expected from him."

Bestimmter erklärte das Amerikanische Monatsblatt vom September, dass die lange und ungewohnte Seereise zu den ersten weniger günstigen Erfolgen beigetragen habe; auch sei durch ein leichtes Unwohlsein der Beginn des Wettkampfes mit Löwenthal um einige Tage verzögert worden. Sobald aber die Indisposition nachgelassen, habe sich der Meister auch wieder als der frühere, in seiner vollen Stärke, gezeigt:

> „Mr. Morphy's long voyage by sea, a thing to which he was totally unaccustomed, caused him to meet the strong players of the clubs and divans of London at a disadvantage. A slight illness, probably induced by the same cause, compelled him, too, to defer his match with Mr. Loewenthal for a

few days. But as soon as the effects of travel passed away, he was himself again as his score proves.“

Die Schachzeitung hatte aus inneren Gründen, d. h. nach einer gründlichen sachverständigen Würdigung der Leistungen des Meisters in Amerika und nach einem Vergleiche mit den ersten Proben in England sofort auf die wahren Ursachen geschlossen, und sie gab diesem Resultate, nachdem sie bereits im März, zu einer Zeit, als Morphy's Name in Europa noch wenig gekannt war, die Vorzüge und charakteristischen Eigenthümlichkeiten seines Spieltypus dargelegt hatte, im September durch folgenden Gedankengang Ausdruck:

„Zwar schien es im ersten Augenblicke bei anfänglich gleichem Kampfe mit Mr. Barnes, dass der vielgerühmte Gast sich kaum über das gewöhnliche Niveau alltäglicher Meisterschaft erheben würde. Allein nach Ueberwindung aller Strapazen einer grösseren Seereise und der ersten im fremden Lande so ungewohnten Eindrücke, entwickelte sich schnell wieder die längst bewunderte Kraft, und wir sehen ihn gegenwärtig bereits mit dreizehn gegen sechs Spiele dem Engländer gegenüber im Vortheil.“

Bald sollte auch Walker zur unverhohlenen Würdigung des Meisters sich gedrängt fühlen und sie in folgender bereits angeführten Stelle (vgl. No. 4. zum 1. Kap. S. 10.) andeuten:

„Wir bekennen offen und frei, dass uns Mr. Morphy als ein Phänomen erscheint und dass wir ihn als den grössten Spieler seit Mac Donnel und Labourdonnais anerkennen. —

Ferner sagt Falkbeer, „dass Morphy ein echter Schachspieler vom Kopf bis zur Sohle sei, und dass seit den Zeiten eines Philidor und Labourdonnais seines Gleichen nicht dagewesen“; und im Birmingham Press wird er als „a young American who has suddenly risen into fame as one of the most astounding players of this or any other age“ gerühmt. —

Viele Englische Zeitschriften brachten kurze Lebensskizzen in begeistertem Stile und gaben dazu das wohlgetroffene Porträt des jungen Helden. Von den bedeutenderen Schilderungen der Vorzüge seines Spieles aber heben wir zunächst folgenden Artikel Boden's im Family Herald hervor:

„Man lasse Mr. Morphy volle Gerechtigkeit widerfahren, denn er ist unzweifelhaft einer der stärksten jetzt lebenden Spieler, und ungescheut kann die Frage gestellt werden, ob er je einen überlegenen Gegner finden werde. Er hat eine seltene Ruhe bei grosser Combinationskraft und spielt mit viel Ueberlegung, ohne sich lange zu besinnen; er verbindet mit tiefem Positionsblick einen Reichthum und schnelle Conception von genialen Ideen, wie wir sie noch bei Niemand in höherem Grade getroffen haben. Dabei ist sein Gedächtniss ausserordentlich sicher und reichhaltig, und die unwiderstehliche Gewalt, mit der er einen einmal errungenen Vortheil verfolgt, sollte schon häufig die Bewunderung der stärksten Spieler unserer Metropole hervorrufen. Sein Spieltypus ist ein vorherrschend brillantes, zuweilen sogar gefährlich scheinendes Angriffsspiel, und er entwickelt dabei eine unerschöpfliche Zähigkeit, die in Anbetracht seiner grossen Jugend an das Unglaubliche grenzt. Wir wünschen unseren Schachgenossen in Amerika von ganzem Herzen Glück zur Meisterschaft wie Ritterlichkeit ihres jugendlichen Helden." —

Loewenthal spricht sich in „The Era" folgendermassen aus:

„Mr. Morphy's unaufhaltsames Vordringen zu dem hohen Range, den er gegenwärtig einnimmt, steht ohne Gleichen da; im Alter von 21 Jahren hat seine Geschicklichkeit in jeder Richtung des praktischen Spieles bereits den höchsten Grad unserer erfahrensten Meister erreicht. Von 85 gegen die besten Spieler seines Heimathlandes gleichauf gespielten Partieen hat er nur eine verloren, und im Vorgabe- wie Gedächtnissspiel bieten seine Leistungen einen fast noch grösseren Erfolg dar. Unser Bericht von letzter Woche bekundet, dass nach Erholung von den Strapazen einer Fahrt über den Ocean und nach Ueberwindung des ersten scheuen Gefühles unter fremden Persönlichkeiten sein Spiel wieder den hohen in Amerika bewiesenen Stärkegrad gewonnen hat. Auf theoretischem Gebiete haben wir ihn über verschiedene Eröffnungen sich äussern hören und daraus entnommen, dass er auf diesem Felde überall heimisch ist, und schwierige Spielausgänge haben wir ihn mit der Kunst eines vollendeten Taktikers zu Ende führen sehen. Die Anwesenheit eines so ausgezeichneten Spielers in unserem Lande kann natürlich nur zum Nutzen der Schachinteresen wesentlich beitragen. Die Schachliteraten werden ohne Zweifel daraus eine Menge werthvollen und originellen Materiales gewinnen, und Proben ausgezeichnetster Praxis werden sich bald in den Händen jedes Freundes der Schachliteratur in Fülle finden. Herr Löwenthal hat übrigens alle Ursache, das ritterliche Entgegenkommen seines Gegners zu bewundern und dankbar die herzliche Unterstützung seiner Freunde anzuerkennen." —

Im Anschluss an den len letzten Gedanken geben wir hier noch eine Stelle aus dem „Critic" wieder:

„Man scheint mit dem Plane umzugehen, die Einsatzfonds zu Gunsten unseres vaterländischen Helden (Staunton) zu erhöhen, um ihn gegen diesen Amerikanischen Knaben gehörig zu rüsten, denn ein Knabe scheint er in der That noch zu sein, soviel jugendlicher sieht er aus, als er wirklich ist. Der Fortgang des Wettkampfes mit Herrn Löwenthal giebt indess Herrn Staunton's Freunden wenig erfreuliche Aussichten, und man trägt sich andererseits bereits mit der Vermuthung, dass Mr. Morphy nach seiner Heimath werde zurückkehren müssen, ohne mit dem König der Englischen Schachspieler um die Palme gekämpft zu haben. Als Augenzeugen von Mr. Morphy's Spiel können wir nur unsere Ansicht offen dahin aussprechen, dass er uns als einer der bewunderungswürdigsten Meister, die wir je kennen gelernt haben, erscheint. Er spielt mit grösster Zuversicht und riskirt die tollkühnsten Opfer, die sich aber schliesslich so tief durchdacht und wohl berechnet erweisen, dass er nie stärker zu fürchten ist, als wenn er sich in die grösste Gefahr zu stürzen scheint; ja, wir hörten unlängst einen hochangesehenen Englischen Veteranen des Schach offen bekennen, dass es fast unmöglich sei, nur die Hälfte seiner Combinationen vorauszusehen."

Scharf und gründlich ist die allgemeine Stimmung über Morphy's Erscheinung in einem längeren Artikel der Englischen Zeitschrift „The Press" zum Ausdruck gelangt, woraus wir folgende Stellen wiedergeben:

„Die Schachwelt hat einen mächtigen Anstoss erhalten und ist aus ihrer gewöhnlichen nachdenklichen Ruhe stark emporgerüttelt worden. Gleich einem Meteor ist Mr. Morphy, der transatlantische Schachheld, erschienen und zum Kampfe mit jedem Ritter, der eine Lanze zu brechen wagt, gerüstet. Abgesehen von einem jetzt schwebenden Wettkampfe gegen Löwenthal und einem noch projectirten Match mit Mr. Staunton hat er bisher das Feld unter vielen Triumphen behauptet. Hier und da zufällig in einer Partie geschlagen, hat er im Alter von 21 Jahren eine beträchliche Mehrheit von Partien gegen jeden ihm bis jetzt entgegengetretenen Spieler erster Stärke gewonnen. Da wir vor einigen Monaten vom Erscheinen eines Amerikanischen Phänomen Kenntniss erhielten, das da kommen werde, alle Creatur auf der schwarzweissen Arena in Schatten zu werfen, konnten wir einige starke Zweifel nicht unterdrücken. Die transatlantische Redeweise hat jene Färbung Orientalischer Hyperbeln und das Puffmachen unter den Auspicien eines Barnum hat jenseits des Oceans das Ansehen einer Wissenshaft erlangt. Wir dachten also an die gewöhnlichen Uebertreibungen Amerikanischen Humbug's und erinnerten uns an so manche neuere Beispiele (wie an das „Feejee mermaid" und „woolly horse"). Selbst der Bericht über den Congress zu New-York, auf welchem der junge Meister aus New-Orleans von 84 Partien 80 gewonnen haben sollte, vermochte unser Vorurtheil nicht zu erschüttern. Die Partien waren zwar brillant, aber doch immer mit Gegnern dritten Ranges gespielt, gegen die schon gewisse Freiheiten erlaubt sein mögen. Wir trösteten uns mit dem süssen Wahne, dass solche gleissende Spielweise an der soliden, gereiften Praxis unserer Matadore zerschellen würde und sehr bald auf die Defensive zurückgeworfen werden könnte. Dieser Art waren unsere früheren Ansichten und diejenigen noch weit sachverständigerer Kenner. A b e r w i r w a r e n i m I r r t h u m, w i r b e k e n n e n e s o f f e n u n d f r e i, d a s s w i r u n s d u r c h - a u s i m I r r t h u m b e f a n d e n. Mr. Morphy bedarf wahrhaftig keines Puff oder Humbug, um auf den ausserordentlichen Rang, der seinem Genius gebührt, Anspruch zu erheben. Wir können daher nur wünschen, dass unserem ausgezeichneten Gaste, als hochbegabten und vollendeten Schachmeister, alle Ehre und alle ihm gebührende Anerkennung von Jedermann, selbst von den Laien des Schachspieles, zu Theil werde. Wir wollen zu diesem Ende die hohen Vorzüge seines Spieltypus darzulegen versuchen." — —

Es folgt nun der Versuch einer in populärem Stile gehaltenen psychologischen Analyse des Spieles unseres Meisters, auf welche wir in einem späteren Kapitel zurückkommen werden.

2.

Die Amerikanische Monatsschrift vom September berichtet, dass im Verkehr mit den Schachkreisen M o r p h y durchaus für keine der vielen Parteigenossenschaften, in welche die Englische Schachwelt unglücklicher Weise gespalten ist, irgend welche Vorliebe gezeigt habe. Er hätte vielmehr die verschiedensten Gesellschaften und Meister gleichmässig aufgesucht und wäre auch überall mit gleich herzlichem Willkommen begrüsst worden. Seine Wohnung habe er in „Loewe's Hotel" genommen, dessen Gründer und Besitzer der bekannte deutsche, in England zu grossem Rufe gelangte, Schachmeister Loewe ist:

„In his intercourse with chess society Morphy has not allowed himself to exhibit a preference for any of the cliques into which the chess community of England is unfortunately divided. He has visited the St. George's club, the London club, the Divan in the Strand and the Philidorian Rooms in Rathbone street. He has called upon Mr. Staunton at Richmond, Mr. Walker and Mr. Loewenthal. And in all places and by all persons he has been received with a genuine politeness and hearty welcome which we hope our country men will reciprocate whenever occasion offers. He is staying at Loewe's hotel, the propietor of which is the famous German player with whose games onr readers are all familiar.

In einem Correspondenzartikel der Schachzeitung vom August d. J. heisst es:

„Weniger bekannt möchten zwei in Verbindung mit dem Birmingham Turnier stehende Nachrichten sein, zunächst dass Herr Morphy die von Birmingham ihm angetragene Entschädigungssumme für die Reisekosten, im Betrage von 70 Pfund (ca. 470 Thlr.), grossmüthig ausgeschlagen und damit das Comité in den Stand gesetzt hat, den ausfallenden Betrag auf den Siegerpreis im Turniere zu verwenden; sodann, dass Morphy und Staunton geneigt scheinen, an dem bevor stehenden Turniere Theil zu nehmen und dieses somit zu einem in der Geschichte des Spieles Epoche machenden zu erheben."

Ueber das spätere Wohlbefinden des Meisters in England theilt die Amerikanische Monatsschrift vom October die Notiz mit, dass Mr. Morphy sich in ausgezeichneter Gesundheit und heiterer Geistesfrische fühle, und dass er, trotz anhaltenden Schachspielens, das vielleicht jeden Anderen aufreiben würde, dennoch von Tag zu Tag stärker und ansehnlicher werde, seit er die kräftige Nahrung des altenglischen Roastbeef zu sich nehme:

„Mr. Morphy is in glorious health and spirits, and in spite of his constant chess playing which would exhaust any body else, has been constantly growing stouter, since he began to feed upon the roast beef of old England.“

Ueber Staunton's Annahme der persönlichen Herausforderung Morphy's berichtet dieselbe Zeitschrift folgendermassen:

„Mr. Staunton has formally accepted Mr. Morphy's challenge for five hundred pounds. The combat is expected to commence the first week in November.

3.

Der bedeutendste Wettkampf unter Vorgabe fand gegen Rev. Owen Statt. Morphy gab Bauer nebst Anzug vor und gewann, ohne ein einziges Spiel zu verlieren, nach zwei Remisspielen sämmtliche fünf Partien der Wette. Hierauf sollte noch ein zweiter Wettkampf unter Vorgabe von Bauer und zwei Zügen arrangirt werden. Der Preis des ersten bestand in einem Spiele „Staunton chess men“ aus Elfenbein.

Ueber die bedeutenderen Gegner des Meisters in England schliessen wir noch folgende Notizen an:

„Mr. Barnes, früher weniger bekannt, gehört zu den vorzüglichsten Kräften des St. George Club und hat in den letzten drei Jahren durch verschiedene günstige Wettkämpfe Ruf erworben.

Mr. Bird ist überall wegen seiner glänzenden Spielweise beliebt und hat sich in verschiedenen Wetten mit Ernest Falkbeer, dem Leiter der ehemaligen Wiener Schachzeitung und gegenwärtigen Redacteur der Schachartikel in den Sunday Times, ausgezeichnet; auch betheiligte er sich am grossen

Turnier zu London im Jahre 1851. Er bekleidet eine wichtige Stellung im wohlbekannten Geschäftshause der Herren Coleman zu London.

Mr. Boden gilt als einer der ersten Meister Europa's in theoretischer wie praktischer Beziehung. Er ist Verfasser der bekannten „Popular Introduction to Chess" und hat 1851 im Provinzialturnier den ersten Preis errungen. Er ist an der Südwestbahn in England angestellt.

Mr. Medley ist hervorragendes Mitglied und Sekretär des London Club und nach Walker's Urtheil auf dem Wege zu hohem Rufe.

Rev. J. Owen, der Pseudonymus „Alter", ist eines der tüchtigsten Mitglieder des St. George's Club und hat sich in einem Wettkampfe mit Staunton, welcher ihm Bauer und Zug vorgab, ausgezeichnet. Er verwaltet das geistliche Amt an einer der Kirchen in der Britischen Hauptstadt.

Mr. Hampton ist der Nachfolger Löwenthal's in den Sekretärgeschäften des St. George's Club.

Mr. Kipping ist Sekretär des Club zu Manchester und vielleicht der stärkste aller Provinzialspieler Englands. Er hat im vorigen Jahre gegen Anderssen nicht ohne Glück gespielt und ist vorzüglich in Führung des Evansgambit gewandt. Er bekleidet eine Stellung an der Bank-Commandite zu Manchester.

Neuntes Kapitel.

Wettkampf mit Löwenthal.

Der von Paul Morphy bald nach Ankunft in England laut geäusserte Wunsch, mit einem Meister von Ruf einen grösseren Wettkampf zu kämpfen, sollte binnen kurzer Zeit würdige Erfüllung finden. Zwar hatte Howard Staunton die an ihn persönlich und direct wiederholte Herausforderung angenommen und noch längere Frist für die Ausführung vorbehalten. 1) Diese Zwischenzeit war aber einem anderen Kampfe günstig, zu welchem ein Spieler von hohem Ansehen sich einstellte, ein Matador des edlen Spieles, welcher schon vor vielen Jahren einem Meisterkreise von Europäischem Ruf angehört, in der alten wie neuen Welt Lorbeeren gesammelt, in England auf literarischem Felde Verdienste und den ersten Preis auf dem letzten grossen Turniere erworben hatte. 2)

J. Löwenthal nahm den ritterlich hingeworfenen Handschuh auf und versuchte zum zweiten Male, in einem ernsteren bedeutungsvolleren Zusammentreffen, seine Tüchtigkeit gegen den jung erstandenen Helden, den als Knaben zu bewundern ihm einst Gelegenheit gegeben war.

Kaum hätte auf Britischem Boden zum Zeugen seiner Kunst der junge Meister selbst einen tüchtigeren Gegner sich wählen können, und der Sieg über ihn mochte wohl, wenn der heissersehnte Kampf mit dem eingebornen Briten nicht zu Stande kam, den Triumph über diesen ersetzen. In solcher Behauptung ist der öffentlichen Meinung der alten Welt, ist dem Gesammturtheile der Europäischen Schachritterschaft wohl nur gerechter Ausdruck gegeben!

Am 19. Juli nahm der Kampf seinen Anfang und endete am 21. August zu Gunsten des transatlantischen Meisters. An vier Tagen in der Woche war gespielt worden, theils in den Räumen des St. George's Club, theils in denen des London Club. Die Entscheidung war auf neun Gewinnspiele und der Einsatz auf 100 Pfund gesetzt. Als Parteigenossen für den jüngeren Meister handelten die Herren Lord Arthur Hay und Rev. T. Owen, auf Seiten der Gegenpartei die Herren Barnes und Oldham. Zum Unparteiischen war Staunton und zum Depositar der Einsatzsummen der würdige Altmeister W. Lewis gewählt. 3)

Im Ganzen wurden funfzehn Partien gemacht, darunter drei Remisspiele und nur drei Gewinnpartien auf Seiten der Niederlage. Ein so glänzendes Verhältniss giebt ohne Zweifel einen äusseren Maassstab für die praktische Ueberlegenheit des Siegers, aber auch nur für diese. 4)

Der gerechte Chronist darf nicht unterdrücken, dass in Ansehung innerer Gediegenheit die Leistungen des Ueberwundenen zum Wenigsten denen des Siegers ebenbürtig dastehen und gerade aus diesem Grunde die ausgezeichnete praktische Meisterschaft des Letzteren um so höher heben. Gab der Geschlagene auch in manchen mit Erfolg begonnenen Partien den naheliegenden Sieg allein durch Flüchtigkeitsfehler aus der Hand, so bleibt doch bei Abschätzung praktischer Tüchtigkeit der Grad der Freiheit von solchen Vorfällen immer ein wesentlicher Factor. 5) In dieser Beziehung aber wird keiner gewissenhaften Prüfung der gespielten Partien die gleiche Ruhe, Selbstbeherrschung und Geistesgegenwart wie brillante Combinationsfähigkeit des transatlantischen Meisters entgehen.

So zeigt der innere Verlauf des Kampfes den Europäer als den gewandten Theoretiker, seinen Gegner als den stärkeren Praktiker, jenen als den kenntnissreichen Gelehrten des Spieles, diesen als seinen schlagfertigen Ritter!

Beide Arten der Tüchtigkeit verdienen gleiche Anerkennung. Aber wäre es auch möglich, wie für unser patriotisches Gefühl zu wünschen, dass ihre Vereinigung in derselben Persönlichkeit auf Deutschem Boden dem bisherigen Sieger Stillstand geböte, so hätte vielleicht einer an Alter und Erfahrung noch überlegenen Meisterschaft der jüngere Kämpfer zu huldigen, immer aber und überall an ritterlicher Gesinnung wie Thatkraft wohl nur ebenbürtiger Tüchtigkeit zu begegnen.

Erstes Spiel.

61. Partie.

(Französisches Springerspiel.)

	Löwenthal.	P. M.
	Weiss.	Schwarz.
1.	e2 — e4	e7 — e5
2.	Sg1 — f3	d7 — d6
3.	d2 — d4	e5 — d4:
4.	Sf3 — d4:	Sg8 — f6

Der stärkere Zug ist 4. Dd1-d4:, man vergl. 51. Partie. Löwenthal war aber früher der Meinung, dass die auf 4. Sf3—d4: allgemein empfohlene Entgegnung d6—d5 wegen der Fortsetzung 5. e4—e5 c7—c5; 6. Lf1—b5† Lc8—d7; 7. e5—e6 Ld7—b5:, 8. e6—f7† Ke8—f7:, 9. Sd4—b5: Dd8—a5†, 10. Sb1-c3 d5—d4; 11. Dd1—h5† g7—g6; 12. Dh5—d5† Kf7—e8; 13. Sb5—d4: für Schwarz nachtheilig wäre. Er erkannte jedoch später sehr bald, dass hier Schwarz durch 9. Dd8-e8† 10. Dd1—e2 De8—e2†, 11. Ke1—e2: Sb8—c6 etc. sein Spiel verbessern und ausserdem bereits durch Abweichung im 5. Zuge, durch 5. Lf8 c5, seine Stellung günstig gestalten könnte. Die Antwort d6—d5 auf 4. Sf3—d4: giebt daher Schwarz ein freies Spiel und steht dem Gegenzuge Sg8 — f6 nicht nach, auf den Weiss mit 5. Sb1 — c3 Lf8 — e7, 6. Lc1 — e3 Lc8 — e6, 7. Sd4 — e6: f7 - e6:, 8. Lf1 — c4 den Angriff behaupten wird. Freilich bleibt 5. e4-d5: auf 4. d6-d5 ebenfalls zu berücksichtigen.

Weiss.	Schwarz.
5. Sb1 — c3	Lf8 — e7
8. Lf1 — e2	0 — 0

Hier weicht Löwenthal von der vorher angegebenen Fortsetzung 6. Lc1 — e3 ab.

7. 0 — 0	c7 — c5

Dieser für Schwarz in gegenwärtiger Eröffnung kaum zu umgehende Zug schwächt die Position des Damenbauers und möchte bei consequenter Benutzung dieses Nachtheils von Seiten des Anziehenden dessen Spiel in Vortheil bringen.

8. Sd4 — f3	Sb8 — c6
9. Lc1 — f4	Lc8 — e6

Weiss sollte hier den Angriff mit 9. Lc1 — g5 fortsetzen und dann auf h7 — h6 mit 10. Lg5 — f6: Le7 - f6: 11. Dd1 - d2 Lc8 — e6; 12. Ta1 — d1 auf die Schwäche des Punktes d6 spielen. Man sieht, wie der energische Gegner diese Unterlassung mit gewohnter Consequenz zu nutzen und ohne Säumen den Damenbauer zu expediren sucht.

10. Dd1 — d2	d6 — d5

Schwarz kann nun dem Plane des Weissen zuvorkommen und sein Spiel frei machen.

11. e4 — d5:	Sf6 — d5:
12. Ta1 — d1	Sd5 — f4:
13. Dd2 — f4:	Dd8 — a5

Weiss.	Schwarz.
14. Le2 — d3	Ta8 — d8
15. Sf3 — g5	Le7 — g5:
16. Df4 — g5:	h7 — h6
17. Dg5 — h4	Sc6 — d4

Schw.

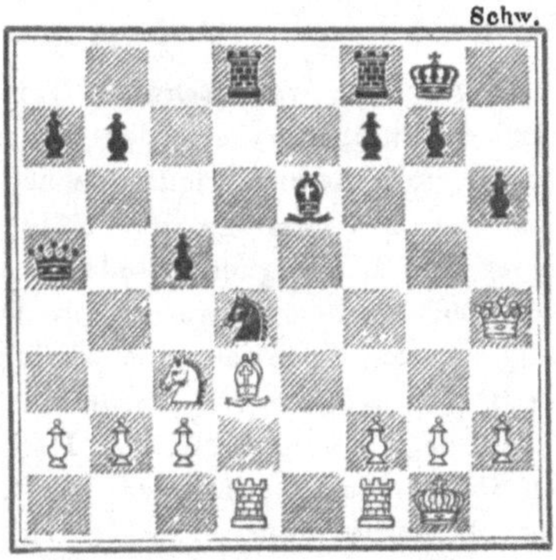

W.

Jetzt hat Schwarz bei völlig gleichen Kräften bereits ein wenigstens gleich entwickeltes Spiel gewonnen. Die Stellung der kleineren Figuren ist ziemlich analog, die Damen stehen ohne entscheidende Wirksamkeit auf entgegesetzten Flügeln, und die Partie bietet bereits jetzt einen unverkennbaren Remischarakter. Die nächstfolgenden Angriffe von beiden Seiten und auf verschiedenen Flügeln erweisen sich von keiner überwiegenden Kräftigkeit und führen schliesslich zur gegenseitigen Aufreibung der Mehrzahl vorhandener Kräfte.

18. a2 — a3	Tf8 — e8

Der Bauerzug ist jetzt nothwendig zur Sicherung des Damenflügels.

19. Tf1 — e1	Da5 — b6
20. Sc3 — a4	Db6 — a5

Hier findet die in der vorletzten

Anmerkung über den Remischarakter gemachte Andeutung bereits ihren ersten deutlichen Ausdruck.

	Weiss.	Schwarz.
21.	Sa4 — c3	f7 — f5
22.	Te1 — e5	Le6 — f7
23.	Td1 — e1	Da5 — b6

Dieser Zug von Schwarz führt zum Verlust eines Bauers, der jedoch bei dem vorhandenen Figurenverhältniss und bei Stellung der Könige später mit Leichtigkeit wieder ausgeglichen werden kann. Auch ist möglich, dass Schwarz den Verlust des Bauers geboten und hierbei nach Entfernung der feindlichen Dame von ihrem Spiele auf einen günsti- Angriff gehofft hatte.

24.	Te5 — e8†	Td8 — e8:
25.	Te1 — e8†	Lf7 — e8:
26.	Dh4 — e7	Le8 — f7
27.	Sc3 — a4	Db6 — a5
28.	Sa4 — c5:	Da5 — d2

Man vergleiche die vorstehende Anmerkung zum 23. Zuge.

29.	f2 — f3	Sd4 — c6

Falsch wäre g2 — g3 und auf h2 — h3 ewig Schach möglich.

30.	De7 — e2	Dd2 — c1†
31.	Kg1 — f2	Dc1 — b2:
32.	Ld3 — f5:	Db2 — a3:
33.	De2 — b5	Da3 — c3

Weiss. Schwarz.

Auf Sc6 - d4 würde 34. Db5 - b7: Sd4 — f5: 35. Db7 — c8† folgen, da 34. Da3 — c5: wegen 35. Db7 — b8; Dc5 - f8; 36. Lf5 — h7† nicht angeht.

34.	Sc5 — b3	Dc3 — f6
35.	Db5 — b7:	g7 — g6
36.	Db7 — c8†	Kg8 — h7
37.	Lf5 — d3	Sc6 — e5
38.	Sb3 — d2	Df6 — h4†
39.	Kf2 — f1	Dh4 — h2:
40.	Sd2 — e4	Dh2 — h1†
41.	Kf1 — f2	Dh1 — c1
42.	Dc8 — c3	Dc1 — f4
43.	Kf2 — e2	h6 — h5
44.	Se4 — f2	h5 — h4
45.	Dc3 — d2	Df4 — g3
46.	Dd2 — e3	a7 — a5
47.	De3 — e4	Lf7 — e6
48.	f3 — f4	Se5 — d3:
49.	c2 — d3:	Le6 — g4†
50.	Ke2 — f1	Lg4 — f5
51.	De4 — e7†	Kh7 — h6

Remis.

Die Dame kann das Schach auf f8 und e7 wiederholen, da der schwarze König das Feld h5 nicht betreten darf.

Die Partie wurde im St. George's Club am 19. Juli d. J. gespielt und dauerte acht Stunden.

Zweites Spiel.

62. Partie.

Abgelehntes Königsgambit.

	P. M.	Löwenthal.
	Weiss.	Schwarz.
1.	e2 — e4	e7 — e5
2.	f2 — f4	L f8 — c5
3.	S g1 — f3	d7 — d6
4.	c2 — c3	L c8 — g4
5.	L f1 — c4	L g4 — f3:

Besser ist wohl L f1 — e2; man vergleiche 64. Partie.

6.	D d1 — f3:	S g8 — f6
7.	b2 — b4	L c5 — b6

Die Theorie räth vom Vorrücken der Flügelbauern ab; das Vorrücken auf beiden Flügeln versetzt aber Weiss in eine höchst ungünstige Lage. Vgl. 16. Zug.

8.	d2 — d3	S b8 — d7
9.	f4 — f5	D d8 — e7
10.	g2 — g4	h7 — h6
11.	K e1 — e2	c7 — c6
12.	g4 — g5	h6 — g5:
13.	L c1 — g5:	d6 — d5
14.	L c4 — b3	D e7 — d6

Falls e4 — d5: so e5 — e4.

15.	S b1 — d2	a7 — a5
16.	b4 — a5:	T a8 — a5:

Jetzt hat Schwarz die bei Weitem günstigere Stellung, und dies Bewusstsein mag später zu dem vorzeitigen Thurmopfer (im 21. Zuge) hauptsächlich beigetragen haben.

	Weiss.	Schwarz.
17.	h2 — h4	S f6 — h5
18.	S d2 — f1	S d7 — c5
19.	L b3 — c2	T a5 — b5

Stärker ist hier T a8 — a3.

20.	L g5 — c1	d5 — e4:

Besser scheint S h5 — f4† nebst T b5 — b2 auf L c1 — f4.

21.	d3 — e4:	T b5 — b2

Ein wegen des 25. Zuges von Weiss vorzeitiges Opfer.

22.	L c1 — b2:	S h5 — f4†
23.	K e2 — e1	S c5 — d3†
24.	L c2 — d3:	S f4 — d3†
25.	K e1 — d2	S d3 — b2†
26.	K d2 — c2	D d6 — a3
27.	S f1 — d2	L b6 — c7

Ein entscheidend grober Fehler von Schwarz.

28.	S d2 — b1	Aufgegeben.

Diese Partie wurde im London Club am 26. Juli d. J. gespielt und dauerte vier und eine halbe Stunde.

Drittes Spiel.

63. Partie.

(Russisches Springerspiel.)

	Löwenthal.	P. M.
	Weiss.	Schwarz.
1.	e2 — e4	e7 — e5
2.	S g1 — f3	S g8 — f6
3.	S f3 — e5:	d7 — d6
4.	S e5 — f3	S f6 — e4:
5.	d2 — d4	d6 — d5
6.	L f1 — d3	L f8 — e7

Diese Abweichung von der gewöhnlichen Spielart L f8 — d6 findet sich zuerst in des Autors Schachpartien (No. 14. S. 37) erörtert. Bei richtiger Fortsetzung wird auch gegen sie der Anziehende ein etwas besseres Spiel als der Gegner erhalten.

7.	0 — 0	S b8 — c6

Schwarz sucht von vornherein dem nun drohenden Angriffe c2 — c4 zu begegnen und wählt dazu die vom Autor (vgl. Schachpartien No. 3., Anm. 1. S. 10.) empfohlene Combination von S b8 — c6 und L c8 — e6 in der Eröffnung: 1. e2 — e4 e7 — e6; 2. d2 — d4 d7 — d5; 3. e4 — d5: e6 — d5: 4. c2 — c4 , L c8 — e6; 5. D d1 — b3 S b8 — c6 etc. Dieselbe büsst aber im gegenwärtigen Spiele, wo der Königsspringer auf e4 steht und den Damenspringer nicht vom Punkt e7 aus unterstützen kann, bedeutend an Kraft ein, sodass der Angriff c2 - c4 demnach seine entscheidende Wirksamkeit behalten würde.

8.	T f1 — e1	f7 — f5

Der Thurmzug ist schwach und hätte unmittelbar durch 8. c2 — c4 ersetzt werden sollen. Darauf kann L c8 — e6 mit 9. D d1 — b3 beantwortet werden.

	Weiss.	Schwarz.
9.	c2 — c4	L c8 — e6
10.	c4 — d5:	L e6 — d5:

Hier musste 10. D d1 — b3 geschehen, und Weiss würde ein dauerhaftes Angriffsspiel erhalten, da die später zu öffnende Diagonale b3 — g8 der Vertheidigung grosse Schwierigkeiten bereiten dürfte. Auch wäre der Zug S c6 — a5 wegen D b3 — a4 nicht zu fürchten.

11.	S b1 — c3	Se4 — c3:
12.	b2 — c3:	0 — 0
13.	L c1 — f4	L e7 — d6
14.	L f4 — d6:	D.d8 — d6:
15.	S f3 — e5	T a8 — e8

Schwarz steht bereits besser entwickelt als Weiss. Aber auch jetzt hätte Weiss statt des frühzeitigen Angriffes c3 — c4 durch 16. f2 — f4 sein Spiel immer noch günstig gestalten können.

16.	c3 — c4	L d5 — e6
17.	S e5 — c6:	b7 — c6:
18.	L d3 — f1	L e6 — f7
19.	D d1 — d2	T e8 — e1:
20.	T a1 — e1:	T f8 — d8
21.	D d2 — a5	D d6 — d4:

Vorzuziehen ist wohl 21. T e1 - d1. Weiss mag zwar dann c6 — c5 nebst c7 — c6 auf 22. d4 — d5 gefürchtet haben. Allein bei genauer Prüfung dieser Combination ergiebt sich, dass sie manche vortheilhafte Chancen für Weiss enthält und ohne Nachtheil riskirt werden konnte. Wir deuten nur die eine Variante an: 21. T e1 — d1 c6 — c5; 22. d4 — d5 c7 — c6; 23. D d2 — c2 g7 — g6; 24. L f1 — e2 c6 — d5: 25. c4 — d5: L f7 — d5: 26. L e2 — c4 nebst 27. D c2 — b3, oder noch besser vielleicht 24. h2!— h3 c6 — d5: 25. c4 — d5: L f7 — d5: 26. L f1 — c4 u. s. w.

	Weiss.	Schwarz.
22.	D a5 — c7:	D d4 — b6
23.	D c7 — f4	g7 — g6
24.	h2 — h3	D b6 — b2
25.	D f4 — c7	D b2 — b6
26.	T e1 — e7	T d8 — d1
27.	D c7 — c8†	T d1 — d8
28.	D c8 — c7	T d8 — d1

Schwarz spielt auf Remis, womit sich Weiss hätte begnügen sollen.

29.	D c7 — e5	D b6 — b1
30.	D e5 — e2	K g8 — f8
31.	T e7 — e5	f5 — f4
32.	f2 — f3	D b1 — c1
33.	h3 — h4	h7 — h6
34.	c4 — c5	K f8 — g7
35.	T e5 — e4	D c1 — c5†
36.	K g1 — h2	D c5 — c1
37.	K h2 — g1	T d1 — d2
38.	D e2 — a6	T d2 — a2:
39.	D a6 — d3	T a2 — d2
40.	D d3 — a6	T d2 — d1

	Weiss.	Schwarz.
41.	g2 — g3	f4 — g3:
42.	K g1 — g2	D c1 — c5
43.	K g2 — g3:	D c5 — g1
44.	L f1 — g2	T d1 — d2
45.	D a6 — f1	D g1 — f1:
46.	L g2 — f1:	K g7 — f6
47.	L f1 — c4	L f7 — c4:
48.	T e4 — c4:	T d2 — d6
49.	K g3 — f4	T d6 — e6
50.	T c4 — d4	K f6 — e7
51.	T d4 — a4	K e7 — d6
52.	T a4 — a7:	c6 — c5
53.	T a7 — a1	c5 — c4
54.	h4 — h5	g6 — h5:
55.	K f4 — f5	T e6 — e3

Schw.

W.

Das Endspiel ist nicht ohne Interesse. Bei fehlerfreiem Spiele der Weissen scheint das Resultat auf Remis hinaus zu laufen.

56.	K f5 — f4	T e3 — e8
57.	T a1 — a6†	K d6 — d5
58.	T a6 — h6:	c4 — c3

	Weiss.	Schwarz.
59.	T h6 — h5†	K d5 — d4
60.	T h5 — h7	T e8 — c8
61.	T h7 — d7†	K d4 — c4
62.	K f4 — e3	T c8 — e8†
63.	K e3 — f2	c3 — c2

Durch K e3 — f4 scheint sich Weiss das Remis zu sichern.

	Weiss.	Schwarz.
64.	T d7 — c7†	K c4 — d3
65.	T c7 — d7†	K d3 — c3
66.	T d7 — c7†	K c3 — d2
67.	T c7 — d7†	K d2 — c1
68.	T d7 — b7	T e8 — e5
69.	f3 — f4	T e5 — e4
70.	K f2 — f3	T e4 — c4
71.	T b7 — h7	K c1 — d2
72.	T h7 — h1	c2 — c1 D
73.	T h1 — c1:	T c4 — c1:
74.	K f3 — e4	T c1 — e1†
75.	K e4 — d4	K d2 — e2
76.	f4 — f5	K e2 — f3
77.	K d4 — d5	K f3 — f4
78.	f5 — f6	K f4 — g5
79.	f6 — f7	T e1 — f1
80.	K d5 — e6	K g5 — g6

Aufgegeben.

Die Partie wurde im London Club am 22. Juli d. J. gespielt, ihre Dauer ist nicht bekannt geworden.

Viertes Spiel.

64. Partie.

(Abgelehntes Königsgambit.)

	P. M. Weiss.	Löwenthal. Schwarz.
1.	e2 — e4	e7 — e5
2.	f2 — f4	L f8 — c5
3.	S g1 — f3	d7 — d6
4.	c2 — c3	L c8 — g4
5.	L f1 — e2	L g4 — f3:
6.	L e2 — f3:	S b8 — c6
7.	b2 — b4	L c5 — b6
8.	b4 — b5	S c6 — e7
9.	d2 — d4	e5 — f4:
10.	L c1 — f4:	S e7 — g6

Weiss hat jetzt ein freies, wohlgeordnetes Spiel und das Uebergewicht der vereinigten Laufer.

	Weiss.	Schwarz.
11.	L f4 — e3	S g8 — f6
12.	S b1 — d2	0 — 0
13.	0 — 0	h7 — h6

Ein unnützer Zug von später nachtheiligen Folgen, da er dem Springer g6 eine wesentliche Deckung nimmt. Besser wäre wohl S f6 — d7.

	Weiss.	Schwarz.
14.	a2 — a4	c7 — c6

	Weiss.	Schwarz.
15.	D d1 — e2	T f8 — e8
16.	D e2 — d3	d6 — d5
17.	e4 — e5	S f6 — d7
18.	L f3 — h5	T c8 — e6

Ein grober Fehler von Schwarz; besser wäre D d8 — h4.

19.	a4 — a5	L c6 — c7

Schw.

W.

	Weiss.	Schwarz.
20.	T f1 — f7:	K g8 — f7:

Sicherer wäre S g6 — h8.

21.	D d3 — f5†	K f7 — e7
22.	L h5 — g6:	D d8 — g8
23.	L e3 — f2	S d7 — e5:

Besser wäre S d7 — f8.

24.	d4 — e5:	T a8 — f8
25.	L f2 — c5†	K e7 — d8
26.	L c5 — f8:	T e6 — e5:
27.	D f5 — f2	D g8 — e6
28.	b5 — b6	a7 — b6:
29.	a5 — b6:	D e6 — g6:
30.	b6 — c7†	K d8 — c7:
31.	T a1 — b1	Aufgegeben.

Die Partie wurde im St. George's Club am 23. Juli d. J. gespielt; ihre Dauer ist unbekannt geblieben.

Fünftes Spiel.

65. Partie.

(Russisches Springerspiel.)

	Löwenthal.	P. M.
	Weiss.	Schwarz.
1.	e2 — e4	e7 — e5
2.	S g1 — f3	S g8 — f6
3.	S f3 — e5:	d7 — d6
4.	S e5 — f3	S f6 — e4:
5.	d2 — d4	d6 — d5

	Weiss.	Schwarz.
6.	L f1 — d3	L f8 — e7
7.	0 — 0	S b8 — c6
8.	c2 — c4	L c8 — e6

Hier trifft Weiss die correcte Fortsetzung des Angriffs; vgl. 63. Partie.

Durch D d1 — b3 im nächsten Zuge hätte das weisse Spiel noch mehr verstärkt werden können.

	Weiss.	Schwarz.
9.	c4 — d5:	L e6 — d5:
10.	L c1 — e3	0 — 0
11.	S b1 — c3	f7 — f5
12.	S c3 — d5:	D d8 — d5:
13.	L d3 — c2	K g8 — h8
14.	L c2 — b3	D d5 — d6
15.	d4 — d5	S c6 — a5
16.	L e3 — d4	L e7 — f6
17.	T f1 — e1	T a8 — d8

Hier führt Löwenthal mit ganz anderer Energie den Angriff als in den früheren Partien; vgl. namentlich die ähnliche Partie 63.

18.	L d4 — f6:	S e4 — f6:
19.	S f3 — g5	S f6 — g4
20.	g2 — g3	D d6 — c5
21.	D d1 — e2	S a5 — b3:
22.	a2 — b3:	T d8 — e8
23.	D e2 — f3	S g4 — e5
24.	D f3 — h5	h7 — h6
25.	T a1 — d1	D c5 — c2

Falsch wäre sofort S g5 — e6 wegen D c5 — d5: nebst S e5 — f3.

26.	S g5 — e6	S e5 — g4
27.	T e1 — f1	D c2 — b2:
28.	S e6 — f8:	T e8 — f8:
29.	h2 — h3	S g4 — f6
30.	D h5 — f5:	D b2 — b3:
31.	d5 — d6	c7 — d6:
32.	T d1 — d6:	D b3 — f7

	Weiss.	Schwarz.
33.	T d6 — d2	a7 — a6
34.	T f1 — e1	b7 — b5
35.	D f5 — c5	T f8 — e8
36.	T d2 — e2	T e8 — e2:
37.	T e1 — e2:	D f7 — b3
38.	D c5 — f8†	S f6 — g8
39.	T e2 — e7	D b3 — d1†
40.	K g1 — h2	D d1 — d4
41.	T e7 — e8	D d4 — c4

Wir machen hier auf die Feinheit dieser von Löwenthal vortrefflich gespielten Partie ausdrücklich aufmerksam.

Schw.

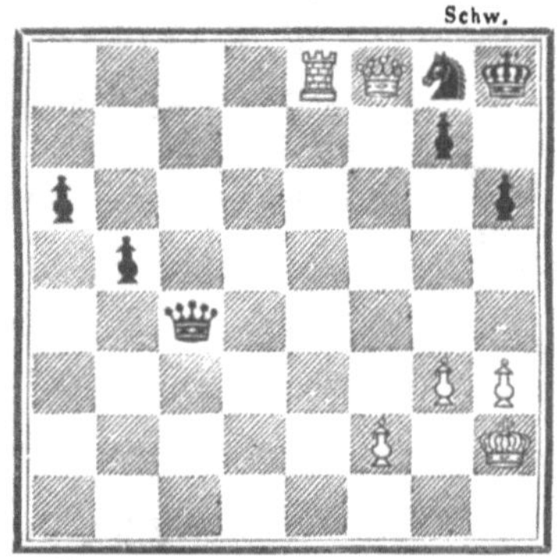

W.

42.	T e8 — a8	b5 — b4
43.	T a8 — a7	D e4 — d4
44.	T a7 — a6:	b4 — b3
45.	T a6 — a8	D d4 — d5
46.	T a8 — a7	D d5 — d4
47.	T a7 — b7	D d4 — c3
48.	D f8 — f7	K h8 — h7

Es droht T b7 — b8, worauf nun der Springer g8 ohne Schutz sein würde, da jetzt die weisse Dame die Diagonale a2 — g8 besetzt hält.

	Weiss.	Schwarz.
49.	T b7 — b3:	D c3 — e5
50.	T b3 — b7	h6 — h5
51.	T b7 — d7	S g8 — h6
52.	D f7 — d5	D e5 — f6
53.	D d5 — d3†	K h7 — h8
54.	T d7 — d8†	S h6 — g8
55.	D d3 — d4	D f6 — f3
56.	K h2 — g1	K h8 — h7
57.	D d4 — d5	D f3 — d5:
58.	T d8 — d5:	S g8 — f6
59.	T d5 — e5	K h7 — g6

	Weiss.	Schwarz.
60.	f2 — f4	K g6 — f7
61.	K g1 — g2	K f7 — g6
62.	K g2 — f3	K g6 — f7
63.	T e5 — a5	K f7 — g6
65.	T a5 — a6	K g6 — f7
65.	f4 — f5	S f6 — d5
66.	g3 — g4	h5 — g4:
67.	h3 — g4:	S d5 — e7
68.	K f3 — f4	S e7 — d5†
69.	K f4 — e5	S d5 — f6
70.	T a6 — a7†	Aufgegeben.

Diese Partie, welche am 26. Juli gespielt wurde, erscheint nächst der vorhergehenden als die schönste des Wettkampfes.

Sechstes Spiel.

66. Partie.

(Sicilianische Eröffnung.)

	P. M. Weiss.	Löwenthal. Schwarz.
1.	e2 — e4	c7 — c5

Man vergleiche in Betreff unseres Urtheils über diese Eröffnung die 8. Partie und bemerke, dass auch in gegenwärtigem Spiele der Meister die Schwächen in der Vertheidigung mit Energie auszubeuten versteht.

	Weiss.	Schwarz.
2.	d2 — d4	c5 — d4:
3.	S g1 — f3	S b8 — c6
4.	S f3 — d4:	e7 — e5
5.	S d4 — c6:	b7 — c6:
6.	L f1 — c4	S g8 — f6
7.	0 — 0	d7 — d5

Jetzt steht Weiss schon entschieden günstiger entwickelt als Schwarz, dessen einziges Mittel, durch d7-d5 sein Spiel frei zu machen, sofort vom Meister mit entscheidender Energie gebrochen wird.

	Weiss.	Schwarz.
8.	e4 — d5:	c6 — d5:
9.	L c4 — b5†	L c8 — d7
10.	L b5 — d7†	D d8 — d7:

	Weiss.	Schwarz.
11.	T f1 — e1	L f8 — d6
12.	S b1 — c3	e5 — e4

Besser wäre vielleicht d5 — d4, obwohl auch damit Schwarz Verlust kaum abwehren kann.

	Weiss.	Schwarz.
13.	L c1 — g5	S f6 — g4
14.	D d1 — d5:	L d6 — h2†
15.	K g1 — h1	D d7 — d5:
16.	S c3 — d5:	0 — 0
17.	f2 — f3	e4 — f3:
18.	g2 — f3:	S g4 — e5
19.	T e1 — e3	f7 — f6
20.	K h1 — h2:	T a8 — d8
21.	T e3 — e5:	f6 — g5:
22.	K h2 — g3	h7 — h6
23.	c2 — c4	T f8 — f7
24.	T a1 — e1	K g8 — f8
25.	c4 — c5	g7 — g6
26.	c5 — c6	T d8 — c8
27.	c6 — c7	T c8 — c7:
28.	T e5 — e8†	K f8 — g7
29.	S d5 — c7:	Aufgegeben.

Diese Partie wurde am 27. Juli d. J. gespielt. Dauer unbekannt.

Siebentes Spiel.

67. Partie.

(Französisches Springerspiel.)

	Löwenthal. Weiss.	P. M. Schwarz.
1.	e2 — e4	e7 — e5
2.	S g1 — f3	d7 — d6
3.	d2 — d4	e5 — d4
4.	D d1 — d4:	L c8 — e6

Wohl stärker als S f3 — d4: obgleich auch hierauf d6 — d5 wegen 5. e4 — d5: kaum rathsam sein möchte.

	Weiss.	Schwarz.
5.	S b1 — c3	a7 — a6
6.	L c1 — e3	S b8 — c6
7.	D d4 — d2	S g8 — f6
8.	T a1 — d1	L f8 — e7
9.	L f1 — e2	0 — 0
10.	0 — 0	b7 — b5
11.	a2 — a3	S c6 — e5
12.	S f3 — d4	c7 — c5
13.	S d4 — e6:	f7 — e6:
14.	f2 — f4	S e5 — g6
15.	L e2 — f3	T a8 — b8

Hier verdient 15. f4 — f5 Berücksichtigung.

	Weiss.	Schwarz.
16.	D d2 — e2	D d8 — c7
17.	h2 — h4	S g6 — h4:

Ein vorzeitiger Angriff von Weiss.

	Weiss.	Schwarz.
18.	L f3 — g4	S f6 — g4:
19.	D e2 — g4:	D c7 — c8
20.	g2 — g3	S h4 — g6
21.	T f1 — f2	T f8 — f6
22.	T d1 — f1	b5 — b4:
23.	a3 — b4:	c5 — b4:
24.	S c3 — a4	D c8 — c6

Dadurch geht ein zweiter Bauer für Weiss verloren.

	Weiss.	Schwarz.
25.	b2 — b3	D c6 — e4:
26.	L e3 — a7	T b8 — f8
27.	T f2 — h2	S g6 — f4:

und Schwarz gewinnt.

Die Partie wurde am 29. Juli d. J. gespielt und dauerte drei Stunden.

Achtes Spiel.

68. Partie.

(Französisches Springerspiel.)

	P. M. Weiss.	Löwenthal. Schwarz.
1.	e2 — e4	e7 — e5
2.	S g1 — f3	d7 — d6
3.	d2 — d4	e5 — d4:
4.	D d1 — d4:	L c8 — d7
5.	L c1 — e3	S g8 — f6
6.	S b1 — c3	L f8 — e7
7.	L f1 — c4	S b8 — c6

Der Laufer steht auf c4 nicht günstig; Schwarz kann nun auf e5 Abtausch herbeiführen und dadurch sein Spiel frei machen.

	Weiss.	Schwarz.
8.	D d4 — d2	S c6 — e5
9.	S f3 — e5:	d6 — e5:
10.	0 — 0	0 — 0
11.	f2 — f4	L e7 — d6
12.	f4 — f5	L d7 — c6
13.	D d2 — e2	h7 — h6
14.	T a1 — d1	D d8 — e7
15.	L c4 — d5	L c6 — d5:
16.	S c3 — d5:	S f6 — d5:
17.	T d1 — d5:	f7 — f6
18.	D e2 — g4	c7 — c6
19.	T d5 — d3	L d6 — c5
20.	D g4 — g3	T a8 — d8
21.	T f1 — d1	T d8 — d3:
22.	T d1 — d3:	T f8 — d8
23.	L e3 — c5:	D e7 — c5†

Man sieht, dass bei T d3 — d8† nebst L e3 — c5: Schwarz durch D d8 — d1† nebst D d1 — c2† in Vortheil kommt.

	Weiss.	Schwarz.
24.	D g3 — f2	D c5 — f2†

	Weiss.	Schwarz.
25.	K g1 — f2:	T d8 — d3:
26.	c2 — d3:	

Schw.

W.

In dem nun folgenden zweiten Theile der Partie spielt Löwenthal mit anerkennenswerther Trefflichkeit. Sehr richtig trifft er sogleich den nächsten correcten Zug und dann den folgenden schwierigen Königszug.

26.	. . . .	c6 — c5
27.	g2 — g4	K g8 — f8

Dieser Königszug beruht auf genauer Tempoberechnung und hat Berücksichtigung desOppositionsgewinns zur Grundlage.

28.	a2 — a4	b7 — b6

Weiss hätte hier vielleicht durch Bewegung seines Königs nach der Damenseite ein günstiges Spiel erlangen können.

29.	K f2 — g3	K f8 — f7
30.	K g3 — h4	K f7 — f8
31.	K h4 — h5	K f8 — f7
32.	b2 — b3	K f7 — f8
33.	K h5 — g6	K f8 — g8
34.	h2 — h3	K g8 — f8

	Weiss.	Schwarz.
35.	h3 — h4	K f8 — g8
36.	g4 — g5	h6 — g5:
37.	h4 — g5:	f6 — g5:
38.	K g6 — g5:	K g8 — f7
39.	K g5 — h4	K f7 — e7
40.	K h4 — g4	K e7 — f6
41.	K g4 — h5	a7 — a6
42.	K h5 — h4	g7 — g6
43.	a4 — a5	b6 — a5:
44.	f5 — g6:	K f6 — g6:
45.	K h4 — g4	a5 — a4

Dadurch gewinnt Schwarz Behauptung der Opposition.

46.	b3 — a4:	a6 — a5
47.	K g4 — f3	K g6 — f6
48.	K f3 — f2	K f6 — f7
49.	K f2 — g3	K f7 — g7

Das Spiel ist jetzt sehr schwierig; Schwarz spielt mit tiefem Positionsverständniss.

Schw.

W.

50.	K g3 — f2	K g7 — f6
51.	K f2 — g1	K f6 — g5

Der entscheidende Fehlzug von Weiss.

	Weiss.	Schwarz.
52.	K g1 — g2	K g5 — f4
53.	K g2 — f2	c5 — c4
54.	d3 — c4:	K f4 — e4:
55.	K f2 — e2	K e4 — d4
56.	K e2 — f3	K d4 — c4:
57.	K f3 — e4	K c4 — b4
58.	K e4 — e5:	K b4 — a4:
59.	K e5 — d4	K a4 — b4

und Schwarz gewinnt.

Die Partie wurde am 30. Juli d. J. gespielt.

Neuntes Spiel.

69. Partie.

(Spanische Partie.)

	Löwenthal. Weiss.	P. M. Schwarz.
1.	e2 — e4	e7 — e5
2.	Sg1 — f3	S b8 — c6
3.	L f1 — b5	L f8 — c5
4.	c2 — c3	D d8 — e7
5.	0 — 0	f7 — f6

Der Meister adoptirt hier die von Boden zuerst in die Praxis eingeführte Vertheidigungsart. Man vergleiche die 49. Partie.

	Weiss.	Schwarz.
6.	d2 — d4	L c5 — b6
7.	S b1 — a3	S c6 — d8

Stärker ist d4 — d5, vgl. die vorher citirte Partie.

	Weiss.	Schwarz.
8.	S a3 — c4	S d8 — f7
9.	S c4 — e3	c7 — c6
10.	S e3 — f5	D e7 — f8
11.	L b5 — d3	g7 — g6
12.	S f5 — g3	d7 — d6
13.	a2 — a4	L c8 — g4
14.	a4 — a5	L b6 — c7
15.	h2 — h3	L g4 — d7
16.	D d1 — b3	S f7 — d8
17.	T f1 — e1	L d7 — e6

Vorzug verdient hier vielleicht L d3 — c4 nebst d4 — e5:

	Weiss.	Schwarz.
18.	D b3 — c2	S g8 — e7
19.	b2 — b4	D f8 — g7
20.	c3 — c4	0 — 0
21.	L c1 — e3	S d8 — f7

Besser scheint hier L c1 — b2.

	Weiss.	Schwarz.
22.	d4 — d5	L e6 — d7
23.	T a1 — d1	K g8 — h8
24.	K g1 — h1	c6 — d5:
25.	e4 — d5:	f6 — f5
26.	L e3 — c1	T a8 — e8
27.	L c1 — b2	S e7 — g8
28.	D c2 — c3	S g8 — f6
29.	L d3 — b1	T f8 — g8

	Weiss.	Schwarz.
30.	T d1 — d2	D g7 — h6
31.	S f3 — h2	f5 — f4
32.	S g3 — e4	S f6 — e4:
33.	L b1 — e4:	g6 — g5
34.	f2 — f3	Dh6 — h4
35.	T e1 — f1	S f7 — h6
36.	T d2 — e2	

Hier wurde nach bereits zehnstündigem Kampfe das Spiel bis zum nächsten Tage sistirt.

36.	. . . .	S h6 — f5
37.	L e4 — f5:	L d7 — f5:
38.	c4 — c5	D h4 — h6

Dieser wichtige Zug von Weiss hätte bereits einige Tempi früher geschehen sollen. Die Partie bietet jetzt grossen Reichthum an interessanten Combinationen.

Schw.

W.

39.	T f1 — e1	T g8 — f8
40.	b4 — b5	T e8 — c8
41.	D c3 — a3	K h8 — g8

Der Angriff c5 — c6 würde hier Weiss das bessere Spiel verschaffen.

42.	b5 — b6	a7 — b6:

	Weiss.	Schwarz.
43.	c5 — b6:	L c7 — d8
44.	T e1 — c1	T c8 — c1†
45.	L b2 — c1:	D h6 — g6
46.	D a3 — b4	L f5 — d3
47.	T e2 — e1	L d8 — e7
48.	S h2 — g4	T f8 — e8
49.	L c1 — b2	h7 — h5
50.	S g4 — f2	g5 — g4
51.	D b4 — c3	L d3 — f5
52.	f3 — g4:	h5 — g4:
53.	h3 — g4:	L f5 — g4:
54.	S f2 — g4:	D g6 — g4:
55.	T e1 — c1	K g8 — f7
56.	D c3 — h3	D g4 — h3:

Besser wäre D c3 — f3, wobei wohl für Weiss noch Hoffnung auf Remis geblieben wäre.

57.	g2 — h3:	f4 — f3
58.	T e1 — f1	e5 — e4

Hier wurde nach achtstündiger Dauer das Spiel zum zweiten Male sistirt.

59.	L b2 — d4	L e7 — f6
60.	L d4 — e3	T e8 — a8
61.	L e3 — d2	L f6 — d4
62.	h3 — h4	K f7 — g6
63.	K h1 — h2	T a8 — f8
64.	K h2 — g3	f3 — f2
65.	K g3 — g2	e4 — e3
66.	L d2 — e1	K g6 — h5
67.	K g2 — g3	f2 — e1: D†

Aufgegeben.

Gesammtdauer der Partie ca. 20 Stunden.

Zehntes Spiel.

70. Partie.

(Französische Eröffnung.)

	P. M.	Löwenthal.
	Weiss.	Schwarz.
1.	e2 — e4	e7 — e6
2.	d2 — d4	d7 — d5
3.	e4 — d5:	e6 — d5:
4.	S g1 — f3	S g8 — f6
5.	L f1 — d3	L f8 — d6
6.	0 — 0	0 — 0
7.	S b1 — c3	c7 — c6
8.	L c1 — g5	h7 — h6
9.	L g5 — h4	L c8 — g4
10.	h2 — h3	L g4 — f3:
11.	D d1 — f3:	S b8 — d7
12.	L d3 — f5	D d8 — c7
13.	T a1 — e1	T a8 — e8
14.	T e1 — e3	L d6 — f4
15.	T e3 — e2	T e8 — e2:
16.	S c3 — e2:	L f4 — d6
17.	L f5 — d7:	S f6 — d7:
18.	S e2 — g3	T f8 — e8

Auf g7 — g5 würde S g3 — f5 folgen.

	Weiss.	Schwarz.
19.	S g3 — f5	S d7 — f8
20.	L h4 — g3	L d6 — g3:
21.	f2 — g3:	T e8 — e4
22.	c2 — c3	S f8 — h7
23.	h3 — h4	h6 — h5
24.	c3 — c4	S h7 — f6

Durch diesen Fehlzug giebt Schwarz das bis dahin für beide Theile gleichstehende Spiel aus den Händen.

	Weiss.	Schwarz.
25.	S f5 — g7:	S f6 — g4
26.	S g7 — h5:	T e4 — d4:
27.	S h5 — f6†	S g4 — f6:
28.	D f3 — f6:	T d4 — c4:

Besser wäre vielleicht T d4 — g4, würde aber auch Verlust kaum abwehren.

	Weiss.	Schwarz.
29.	T f1 — f5	T c4 — g4
30.	T f5 — e5	D c7 — c8
31.	T e5 — e7	D c8 — f8
32.	D f6 — e5	D f8 — g7

Bei T g4 — e4 gewinnt Weiss durch seine Bauermacht auf dem rechten Flügel.

	Weiss.	Schwarz.
33.	T e7 — e8†	K g8 — h7
34.	D e5 — h5†	und Weiss gewinnt.

Mit dieser Partie, welche vom Sieger ausgezeichnet gespielt ist, wurde der Kampf auf einige Tage sistirt.

Elftes Spiel.

71. Partie.

(Sicilianische Eröffnung.)

	Löwenthal. Weiss.	P. M. Schwarz.
1.	e2 — e4	c7 — c5
2.	d2 — d4	c5 — d4:
3.	S g1 — f3	e7 — e6
4.	S f3 — d4:	S b8 — c6
5.	S d4 — b5	a7 — a6

Auf d7 — d5 kann 6. e4 — d5: e6 — d5: 7. D d1 — d5: die Folge sein.

6.	S b5 — d6†	L f8 — d6
7.	D d1 — d6:	D d8 — e7
8.	D d6 — g3	S g8 — f6

Weiss könnte hier auch 8. e4 - e5 versuchen.

Als Folge der gewählten Vertheidigung hat Schwarz bereits eine nachtheilige Stellung, welche der Zug des Königsspringers nicht gerade bessert.

9.	S b1 — c3	d7 — d5
10.	e4 — e5	S f6 — h5
11.	D g3 — f3	g7 — g6
12.	g2 — g4	S c6 — e5:

Ein gewagtes Opfer, das sich aber aus dem Bewusstsein von der gedrückten Stellung erklärt.

13.	D f3 — e2	S e5 — g4:
14.	D e2 — g4:	e6 — e5
15.	D g4 — a4†	L c8 — d7
16.	D a4 — b3	d5 — d4
17.	D b3 — b7:	0 — 0
18.	S c3 — d5	D e7 — d6

	Weiss.	Schwarz,
19.	L f1 — g2	e5 — e4
20.	c2 — c4	f7 — f5

Löwenthal spielt in dieser Partie wieder mit grosser Umsicht und vollendeter Meisterschaft. Es ist deshalb um so mehr die Ungleichmässigkeit seines Spieles im Ganzen zu bedauern

21.	D b7 — b4	D d6 — e5
22.	D b4 — c7	L d7 — e6
23.	D c7 — c7	D e5 — g7
24.	D c7 — g7†	S h5 — g7:
25.	S d5 — b6	T a8 — b8

Besser als S d5 — c7.

26.	c4 — c5	S g7 — h5
27.	b2 — b4	K g8 — f7
28.	0 — 0	g6 — g5
29.	T f1 — d1	T f8 — d8

Hier möchte T b8 — d8 Vorzug verdienen.

30.	L c1 — g5:	T d8 — g8
31.	h2 — h4	T g8 — g6
32.	T d1 — d4:	T b8 — g8
33.	S b6 — d7	T g6 — g5:
34.	h4 — g5:	T g8 — g5:
35.	K g1 — h2	S h5 — f4
36.	L g2 — f1	T g5 — h5†
37.	K h2 — g3	S f4 — d5
38.	f2 — f4	e4 — f3:
39.	S d7 — e5†	K f7 — f6

	Weiss.	Schwarz.
40.	S e5 — f3:	T h5 — h6
41.	T a1 — e1	T h6 — g6†
42.	K g3 — f2	S d5 — e3
43.	L f1 — d3	L e6 — d5
44.	L d3 — f5:	T g6 — g7
45.	T d4 — f4	Aufgegeben.

Zwölftes Spiel.

72. Partie.

(Französische Eröffnung.)

	P. M. Weiss.	Löwenthal. Schwarz.
1.	e2 — e4	e7 — e6
2.	d2 — d4	d7 — d5
3.	e4 — d5:	e6 — d5:
4.	S g1 — f3	S g8 — f6
5.	L f1 — d3	L c8 — e6
6.	0 — 0	L f8 — d6
7.	S b1 — c3	c7 — c6
8.	S f3 — e5	D d8 — b6
9.	L c1 — e3	S b8 — d7

Bei D b6 — b2: kann sich Weiss durch 10. S c3 — e2 D b2 — b6; 10. c2 — c4 günstig stellen.

	Weiss.	Schwarz.
10.	f2 — f4	L d6 — e5:
11.	f4 — e5:	S f6 — g4
12.	D d1 — d2	S g4 — e3:
13.	D d2 — e3:	D b6 — b2:
14.	S c3 — e2	D b2 — a3
15.	S e2 — f4	D a3 — e7
16.	T a1 — b1	0 — 0 — 0

Warum nicht einfach S d7 — b6? Die Rochade nach der Damenseite in gegenwärtiger Stellung giebt dem energischen Gegner nur zu Angriffen in seinem genialen Typus willkommene Gelegenheit.

	Weiss.	Schwarz.
17.	L d3 — e2	S d7 — b6
18.	D e3 — b3	T d8 — d7
19.	S f4 — d3	S b6 — c4
20.	S d3 — c5	T d7 — c7
21.	D b3 — a4	b7 — b6
22.	L e2 — c4:	b6 — c5:

Man sieht, dass bei d5 — c4: Weiss durch T b1 — b6† schnelle Entscheidung herbeiführen kann.

	Weiss.	Schwarz.
23.	L c4 — a6†	K c8 — d7
52.	L a6 — b7 und Weiss gewinnt.	

Diese Partie wurde am 10. August gespielt und dauerte $2\frac{3}{4}$ Stunden.

Die übrigen Partien sind uns nicht bekannt geworden.

Glossarium.

1.

Ueber den beabsichtigten Wettkampf zwischen Morphy und Staunton sagt die Wochenschrift The Era:

> „It is of course well known that Mr. Morphy's visit to this country was undertaken with the purpose of having an opportunity of measuring his strength against that of our most noted players; and we are glad to state that arrangements are pending which, it is hoped, will soon lead to a match between Mr. Morphy and Mr. Staunton."

Ueber die formelle Annahme der Herausforderung Morphy's von Seiten Staunton's sehe man den auf S. 160 aus der Amerikanischen Monatsschrift mitgetheilten Bericht.

2.

J. Loewenthal, einer der gefeiertsten Meister, nimmt gegenwärtig eine vorzüglich hervorragende Stellung im Englischen Schachleben ein. Er war ein Mitglied jenes berühmt gewordenen Dreibundes zu Pesth, der vor funfzehn Jahren die weltbekannten Pariser Schachmeister in zwei Correspondenzpartien besiegte und dessen andere beide Theilnehmer von hohem Rufe, Szen und Grimm, bereits vor einigen Jahren gestorben sind. Im Jahre 1849, kurz nach Beendigung des Ungarischen Insurrectionskrieges verliess Loewenthal das Heimathland und ging nach Amerika, das er im Jahre 1851 anf dem Weltturniere zu London nicht mit Glück vertreten sollte. Er liess sich dann in dieser Stadt nieder und nahm eine Stellung als Sekretär des St. George's

Club an. Durch gleichzeitige Redaction des Schachartikels in der Englischen Wochenschrift The Era erwarb er auch auf theoretischem wie literarischem Felde des Spieles grosse Verdienste und entwickelte überhaupt eine anerkennenswerthe Thätigkeit in Förderung der Schachinteressen in jeder Richtung. Im Jahre 1857, auf dem Turnier zu Manchester, erstritt er den ersten Preis, und derselbe Erfolg wiederholte sich beim diesjährigen Meeting zu Birmingham, wo er gegen alle Concurrenten, namentlich auch gegen Staunton, entschiedene Ueberlegenheit zeigte. Daher kann Löwenthal gegenwärtig sehr wohl als der eigentliche Schachmatador Englands angesehen werden, und sein Wettkampf gegen Morphy als Probe zwischen Englischer und Amerikanischer Tüchtigkeit gelten. In neuester Zeit hat Löwenthal noch eine andere Schachredaction übernommen, die Leitung des Schachabschnittes in einer neuerstandenen Illustrirten Zeitung „The Illustrated News of the World", zu unterscheiden von der älteren illustrirten Wochenschrift „The Illustrated London News", deren Schachartikel Staunton verwaltet. Wir erfahren aus jenem neuen Blatte, dass das hohe und zu Birmingham in diesem Jahre befestigte Ansehen Löwenthal's gegenwärtig zur Gründung eines dritten grösseren Schachclub in der Englischen Metropole (St. James' Club) geführt hat, welcher unter jenes Meisters Leitung bald zu hohem Aufschwunge gedeihen wird.

3.

Das allgemeine Interesse, welches bei dem hohen Rufe Löwenthal's von verschiedenen Seiten an seinem Wettkampfe mit Morphy genommen wurde, bewirkte nach den ersten Verhandlungen sehr bald eine Erhöhung der ursprünglichen Bedingungen, welche zunächst den Sieg auf sieben Gewinnspiele und den Einsatz auf 50 Pfund festgesetzt hatten. Man kam schliesslich überein, die entscheidende Zahl der Spiele auf neun zu stellen, die Einsatzsummen aber zu verdoppeln. Dadurch erhielt das steigende Interesse an dem Wettkampfe entsprechenden Ausdruck, und die endgültigen Bedingungen bieten nun folgendes Cartel:

1. Sieger ist, wer zuerst neun Partien gewonnen hat.

2. Der Anzug wird für die erste Partie durch das Loos bestimmt und wechselt mit jedem folgenden Spiele, die Remispartien eingeschlossen.
3. An vier Tagen in der Woche soll gespielt werden, am Montag, Dienstag, Donnerstag und Freitag, theils im London Club von zwei Uhr Nachmittags an, theils im St. George's Club von Mittag ab.
4. Wer später als eine halbe Stunde nach der angesetzten Zeit erscheint, verfällt in eine Geldstrafe an die andere Partei im Betrage von 1 Pfund 1 Schilling, welche für die doppelte Verzögerung verdoppelt wird und für eine noch grössere Verspätung die Höhe von 5 Pfund 5 Schilling erreicht.
5. Nur unter beiderseitiger Uebereinstimmung soll eine angefangene Partie vertagt werden dürfen.
6. Nach fünf Stunden anhaltenden Spielens ist jede Partei zur Unterbrechung auf eine Stunde berechtigt.
7. Die gespielten Partien bleiben im Gesammteigenthum der beiden Kämpfer.

Ueber den Werth der gemachten Spiele hat man sich von verschiedenen Seiten verschieden ausgesprochen. Man hat auch bei diesem Kampfe, wie bei manchen anderen modernen Wetten, den Geist der Spiele eines Mac Donnel und Labourdonnais vermisst. Gleichwohl ist nicht zu leugnen, dass viele sehr schwierige und von beiden Kämpfern mit weiter Berechnung wie tiefem Positiorsblick behandelte Combinationen sich finden, welche einen hohen, der vielgerühmten Meister keinesweges unwürdigen, Stärkegrad bekunden. Belege bieten mehrere zu den Partien hinzugefügte Anmerkungen. Wir heben hier noch folgende Stelle aus der zu Boston erscheinenden Zeitschrift „American Union“ hervor, und wollen dazu bemerken, dass nicht gerade der glänzende überraschende Typus allein den hohen Rang gediegener praktischer Meisterschaft begründet:

„The games in this gallant contest have not been so interesting as anticipated; they lack that brilliancy so strikingly apparent in the contests between the never to be forgotten Mac Donnel and Labourdonnais. If the gambits had been accepted, we should have seen some dazzling Muzio's and Evans' which would have eclipsed previous battles of a like character."

4.

Das Amerikanische Blatt „Winona Republican" giebt Löwenthal folgenden launigen Trost, welcher eine freilich zum Theil berechtigte Färbung des Nationalstolzes trägt:

„Unzweifelhaft würde der alte Schachmeister Philidor grosse Augen machen, wenn er, aus dem Grabe erstiegen, die Leistungen unseres Morphy und Paulsen mit ansehen könnte. Und wahrlich, wenn er es könnte, würde er auch Herrn Löwenthal mit folgenden Worten Trost zusprechen: Ihr Spiel ist sehr schön und sicherlich eines Meisters würdig, mein lieber Herr Löwenthal, aber was einen Sieg über Morphy betrifft, so lassen Sie diesen Gedanken nur aus dem Spiele, denn ich glaube, dass ich selbst so Etwas nicht zu Stande bringen würde!"

Wir müssen hinzufügen, dass Herrn Löwenthal wohl noch ein besserer und wirklicher Trost in dem Bewusstsein bleibt, dass, wenn ihm auch in Betreff des praktischen Erfolges das Glück nicht günstig war, dennoch seine Spielweise keineswegs den Eindruck einer irgendwie untergeordneten Stärke im Verhältniss zu seinem berühmten Gegner hervorruft.

5.

Ein ebenso treffendes wie unparteiisches Urtheil enthält folgende Notiz in der Englischen Zeitschrift „Bells Life" aus der Zeit, als die ersten sieben Partien gespielt waren:

„Curious enough, by far the finest exhibition of real chess play has been in the game (No. 5.) won by the Hungarian (Loewenthal); indeed he appears here to be quite an other man, takes up a grand position through Morphy's carelessness, plays a long series of difficult moves without error and wins the game in a way that would have done credi to Mac Donnel. Alas! for the other games! Can it be the same Lowenthal? We confess our belief that such is chess and that little can ever be told from the first half dozen games. M. Loewenthal has, hitherto, underplayed himself and need not resign the thougts of ultimate victory from past defeats. Let him think of the English at Inkerman, holding their own even in the gripe of the bear, and „never despair“ be his motto and his sustaining thought. Our good and gentlemanly friend Morphy must not, however, think we mean to liken him personally to a bear, for he is the very pink of courtesy and chivalry, and we know would rather be glad than otherwise to see his opponent score a game or two to restore the match to its pristine condition of universal interest and expectation. We despair of seeing an Englishman take up Morphy's challenge. The chess players have not the leisure; while our ten thousand of the heavy pocket and broad acres have the leisure but not the Chess.“

Zehntes Kapitel.

Schachcongress zu Birmingham.

Die Genossenschaft der grossen Britischen Schachassociation hatte am 24. August ihre diesjährige Feier eröffnet und zu diesem Tage viele angesehene Koryphäen des Englischen Schach in Birmingham versammelt. 1)

Auch Paul Morphy, welcher so reichliche Lorbeeren auf Britischem Boden geerntet, war erwartet worden. Allein bestimmte Motive, deren nähere Darlegung vorbehalten ist, verzögerten sein Erscheinen bis zum dritten Tage. Es gebührt hier der Ueberzeugung wie Hoffnung Ausdruck, dass jene Beweggründe mit der ritterlichen Gesinnung des jungen Helden in Harmonie stehen und dass sie bei ihrer Veröffentlichung die Erwartungen von seiner noblen Anschauungsweise bestätigen werden. 2)

Das Turnier hatte inzwischen zu Birmingham seinen Gang genommen, wurde aber am nächsten Tage, den 27. August, durch eine grosse Production im Gedächtnissspiel unterbrochen. 3) Es waren acht starke Spieler, gegen welche der junge Held mit rein geistigen Waffen den Kampf aufnahm. Dennoch mussten sie Alle bis auf Einen binnen kurzer Frist ihre eigenen Waffen strecken. 4)

Ein dichtgedrängter Zuschauerkreis folgte mit höchstem Interesse und steigender Bewunderung den vielfachen Wendungen des zusammengesetzten Kampfes. Nach glücklicher Vollendung herrschte nur ein Gefühl, der höchsten Begeisterung wie freudigsten Anerkennung. 5)

Um zwei Uhr Nachmittags hatte der Kampf seinen Anfang genommen und bereits um 6½ Uhr sein Ende erreicht. Hierauf traten Mitglieder und Gäste der Association unter dem Vorsitz von Lord Lyttelton zu einer glänzenden Soirée zusammen, mit welcher die diesjährige Feier der Association ihren Schluss fand.

In seiner Ansprache während dieser Festlichkeit ging der Präsident mit besonderem Nachdruck auf die Verdienste des transatlantischen Gastes ein und bot ihm im Namen der gesammten Britischen Schachgenossenschaft ein warmes herzliches Willkommen. Er fügte die Zuversicht hinzu, dass der junge Held in allen Spielen stets glücklichen Erfolg haben werde, aber in einem Kampfe erliegen und dass aus diesem der Altmeister Staunton siegreich hervorgehen möge. 6)

Es sollte jedoch zu diesem Kampfe nicht kommen. Denn noch immer zeigte sich Staunton nicht geneigt, die längst verabredete Wette zum Austrage zu bringen.

Der junge Meister begab sich deshalb unmittelbar nach dem Schachtage auf den Weg über London nach Frankreich, und verliess am letzten Tage des August den Britischen Boden. 7)

Aus den acht gleichzeitigen Gedächtnisspartien heben wir folgende heraus.

Brett No. I.

73. Partie.

(Kieseritzky Gambit.)

	P. M. Weiss.	Lord Lyttelton. Schwarz.
1.	e2 — e4	e7 — e5
2.	f2 — f4	e5 — f4:
3.	Sg1 — f3	g7 — g5
4.	h2 — h4	g5 — g4
5.	Sf3 — e5	d7 — d6
6.	Se5 — g4:	Lf8 — e7
7.	d2 — d4	Le7 — h4‡
8.	Sg4 — f2	Lh4 — f2‡

Es ist bekannt, dass hier Dd8 — g5 der bessere Zug für Schwarz ist.

	Weiss.	Schwarz.
9.	Ke1 — f2:	Sg8 — f6
10.	Sb1 — c3	Dd8 — e7
11.	Lc1 — f4:	Sf6 — e4‡
12.	Sc3 — e4:	De7 — e4:
13.	Lf1 — b5†	Ke8 — f8

Man sieht, dass Th1 — e1 droht.

14.	Lf4 — h6†	Kf8 — g8
15.	Th1 — h5	Lc8 — f5
16.	Dd1 — d2	Lf5 — g6
17.	Ta1 — e1	Aufgegeben.

Brett No. IV.

74. Partie.

(Schottisches Gambit.)

	P. M. Weiss.	Kipping. Schwarz.
1.	e2 — e4	e7 — e5
2.	Sg1 — f3	Sb8 — c6
3.	d2 — d4	e5 — d4:
4.	Lf1 — c4	Lf8 — c5
5.	0 — 0	d7 — d6
6.	c2 — c3	Dd8 — f6
7.	Lc1 — g5	Df6 — g6

Die correcte Fortsetzung besteht in 7. Lc4 — b5, wodurch Weiss bei Lc8 — d7 nach dem Abtausch auf c6 mit 9. c3 — d4: die Mitte einnimmt, oder bei 7. d4 — c3: mit 8. Sb1 — c3 nebst Lc1 — g5 und Sc3 — d5 ein vortheilhaftes Angriffsspiel erhält. (Vgl. No. 3 — 6, §. 6. h. t. im Handbuch S. 112.)

	Weiss.	Schwarz.
8.	c3 — d4:	Sc6 — d4:

Auch hier verdient 8. Lc4 — b5 Vorzug.

9.	Sf3 — d4:	Dg6 — g5:

Weiss.	Schwarz.
10. f2 — f4	Dg5 — g6
11. Kg1 — h1	Sg8 — h6
12. h2 — h3	Lc8 — h3:

Das ist der einzige Rechnungsfehler des Meisters unter den vielen Combinationen sämmtlicher acht Partien.

13. g2 — h3:	Dg6 — e4†
14. Dd1 — f3	De4 — d4:
15. Tf1 — e1†	Ke8 — d7
16. Sb1 — a3	Lc5 — a3:

Der Anfang einer wohlberechneten Combination von Weiss, welche aber bei der offenen Stellung des eigenen Königs, sowie nach den bereits erlittenen Verlusten und einem so starken Spieler gegenüber ihre entscheidende Wirksamkeit einbüsst. Der Meister scheint sich von diesem Umstande schnell überzeugt und dann sehr bald die Partie aufgegeben zu haben, um mit desto grösserer Ruhe seine Kraft auf die übrigen Spiele zu concentriren.

Weiss.	Schwarz.
17. Lc4 — b5†	c7 — c6
18. b2 — a3:	Th8 — e8

Man sieht, dass c6 — b5: wegen Df3 — b7† tödtlich sein würde.

19. Ta1 — c1	d6 — d5
20. Df3 — b3	Kd7 — c7
21. Lb5 — d3	Te8 — e3
22. Te1 — e3:	Dd4 — e3:
23. Tc1 — b1	De3 — h3†
24. Kh1 — g1	b7 — b6
25. Tb1 — e1	Dh3 — g3†
26. Kg1 — f1	Dg3 — f4†
27. Kf1 — g2	Df4 — g5†
28. Kg2 — f1	Sh6 — g4

Aufgegeben.

Brett No. VI.

75. Partie.

(Lauferspiel.)

P. M.	Dr. Freeman.
Weiss.	Schwarz.
1. e2 — e4	e7 — e5
2. Lf1 — c4	Lf8 — c5
3. b2 — b4	Lc5 — b6
4. Sg1 — f3	d7 — d6
5. d2 — d4	e5 — d4:
6. Sf3 — d4:	Sg8 — f6
7. Sb1 — c3	0 — 0
8. 0 — 0	Sf6 — e4:
9. Sc3 — e4:	d6 — d5
10. Lc1 — g5	Dd8 — e8

Der Damenzug verräth Furcht; besser wäre wohl f7 — f6.

	Weiss.	Schwarz.
11.	Le4 — d5:	c7 — c6
12.	Tf1 — e1	De8 — d7
13.	Se4 — f6†	g7 — f6:
14.	Lg5 — f6:	Dd7 — d6

Auf Wegnahme des Königslaufers würde Dd1 — h5 von Entscheidung werden.

	Weiss.	Schwarz.
15.	Sd4 — e6	und Weiss gewinnt.

Auf f7 — e6: entscheidet nun 16. Ld5 — e6†, auf Lc8 — e6 aber 16. Dd1 — h5 etc.

Brett No. VII.

76. Partie.

(Abgelehntes Königsgambit.)

	P. M. Weiss.	Rhodes. Schwarz.
1.	e2 — e4	e7 — e5
2.	f2 — f4	Lf8 — c5
3.	Sg1 — f3	Sb8 — c6
4.	f4 — e5:	d7 — d5
5.	e4 — d5:	Dd8 — d5:
6.	Sb1 — c3	Dd5 — d8
7.	Sc3 — e4	Lc5 — b6
8.	c2 — c3	Lc8 — g4
9.	d2 — d4	Dd8 — d5
10.	Se4 — f2	Sc6 — e5:
11.	Dd1 — e2	Lg4 — f3:
12.	g2 — f3:	Dd5 — f3:
13.	De2 — e5†	Ke8 — f8
14.	Lf1 — e2	Df3 — c6
15.	Th1 — g1	f7 — f6
16.	De5 — g3	g7 — g6
17.	Lc1 — e3	Ta8 — e8
18.	Ke1 — d2	Sg8 — e7
19.	Le2 — d3	Dc6 — d7
20.	Sf2 — g4	Se7 — d5
21.	Ta1 — e1	Sd5 — e3:
22.	Te1 — e3:	Dd7 — f7
23.	Sg4 — f6:	Te8 — e3:
24.	Dg3 — e3:	Df7 — a2:

In dieser Position setzt Weiss in vier Zügen Matt:

25.	De3 — e8†	Kf8 — g7
26.	Sf6 — h5†	Kg7 — h6
27.	De8 — e3† nebst	
28.	De3 — g5 ‡	

Glossarium.

1.

Die aus früherer Zeit als „Northern and Midlands Counties Chess Association“ bekannte und gegenwärtig unter dem Namen „British Chess Association“ erweiterte Schachgenossenschaft hielt vom 24.—28. August dieses Jahres ihre fünfte Jahresversammlung in den Räumen des Queens College zu Birmingham und wurde zunächst in geschäftlicher Beziehung am erstgedachten Tage von Mr. Thomas Avery, Präsident des Birmingham Schachclub, eröffnet. Man beschloss zuvörderst die Wiederwahl von Lord Lyttelton zum Präsidenten und von Viscount Cremorne, wie Sir John Blunden zu Vice-Präsidenten der Association, und bestimmte sodann Worcester zum Versammlungsort für das nächste Jahr. Hierauf schritt man zum Arrangement des grossen Turnieres, an dem sich mehrere Spieler von hohem Ansehen betheiligten. Unter ihnen, wie unter anderen Gästen von Ruf heben wir hervor die Namen eines H. Staunton, J. Boden, J. Löwenthal, E. Falkbeer, St. Amant, H. Bird, J. Hampton, R. Brien, Rev. Salmon, S. Kipping.

2.

In Betreff der Weigerung Paul Morphy's am Turniere der Association Theil zu nehmen, wollen wir nicht fragen, ob er ein Zusammentreffen mit gewissen Gegnern habe vermeiden wollen, oder ob sein Verhältniss zu Staunton von Einfluss gewesen sei, oder was ihn sonst bewogen haben möge. Es genügt uns die Erklärung in seiner eigenen Monatsschrift, dass bestimmte Motive, welche noch veröffentlicht werden sollen, zu Grunde gelegen haben. Der Wortlaut dieser vom Mitredacteur Fiske gegebenen Erklärung ist folgender:

„Concerning Mr. Morphy's refusal to participate in the Tournament at Birmingham we are authorized to say that his reasons were such as will satisfy his admirers everywhere and that they will soon be made public."

Jedenfalls zeugt jene Weigerung von einem selbstständigen Zuge des Charakters, welcher mit der sonstigen ritterlichen Gesinnung des Meisters wohl vereinbar zu denken ist und im Uebrigen nicht vereinzelt dasteht.

3.

Zu dem Turniere hatten sich elf bedeutende Meister von Ruf gemeldet, und es wurden deshalb zur Vervollständigung der Turnierzahl 16 noch fünf andere Spieler zugezogen. Das Loos gab für den ersten Gang folgende acht Paare:

1. Falkbeer gegen Ingleby,
2. Staunton „ Hughes,
3. Löwenthal „ Kipping,
(4. Morphy „ Smith),
5. Brien „ Bird,
6. Salmon „ Szabo,
7. Owen „ Hampton,
8. St. Amant „ Beetlestone.

Die Paare No. 4. und 5. kamen nicht zum Kampfe, da Morphy nicht erschienen war und Bird durch dringende Geschäfte nach London abgerufen wurde. Von den übrigen Paaren gewannen je die Erstgenannten zwei Partien, sodass sich beim zweiten Gang nach wiederholter Loosung folgende Paare herausstellten:

1. Löwenthal gegen Staunton,
2. Brien „ Smith,
3. Owen „ Salmon,
3. Falkbeer „ St. Amant.

Sieger blieben Löwenthal und Owen mit zwei gegen keine, Falkbeer mit zwei gegen eine Partie, und Brien durch Resignation des Gegners. Der dritte Gang wurde später in London ausgefochten und zwar zum Vortheil der Herren Löwenthal und Falkbeer gegenüber Owen und Brien. Der letzte Entscheidungskampf endete zu Gunsten Löwenthal's, welcher nach einem hartnäckigen Ringen von vier Remispartien und drei gegen eine Gewinnpartie den ersten Preis, bestehend in 60 Guineen, erstritt, während seinem Gegner der zweite Preis, 20 Guineen betragend, zufiel. Hervorzuheben ist, dass der erste Sieger von 15 mit vier verschiedenen tüchtigen Meistern gespielten Partien nur eine und der zweite Preisträger von 19 nur fünf verlor.

4.

Die Gegner Morphy's im Blindlingskampfe waren:

1. Lord Lyttelton, Präsident der Association; 2. Rev. G. Salmon, der beste Spieler Irelands; 3. J. S. Kipping, Secretär des Manchester Club und ein vorzüglich starker Meister; 4. Thomas Avery, Präsident des Birmingham Club; 5. Carr, Secretär des Club zu Leamington; 6. Dr. James Freeman, früherer Präsident des Birmingham Club; 7. Rhodes, ein hervorragendes Mitglied des Leeds Club; 8. W. R. Wills, Secretair der Association. Nach vier- bis fünfstündigem Kampfe hatte der gemeinsame Gegner sechs Siege erstritten, eine Remise (gegen Avery) zu Stande gebracht und nur eine Niederlage (gegen Kipping) erlitten. Sein Sitz war an dem einen Ende des Saales, und um einen Tisch am entgegengesetzten Ausgange befanden sich seine acht Gegner vor ihren Brettern auf demselben. Der Blick des Meisters war auf das vor seinem Stuhle befindliche, geschlossene Fenster gerichtet, sein Arm nachlässig um die Lehne gelegt, und so gab er Zug um Zug nach einander seine Züge für jedes Brett an. Er hatte die acht verschiedenen Spiele vollkommen in seinem Gedächtniss, was aus einer Prüfung der vorgeführten Partien deutlich hervorgeht. Auf den Umstand, welcher von einigen mit der Sache wenig vertrauten Correspondenten hervorgehoben ist, dass der Blindlingsspieler unrichtige, aus zufälliger Verrückung der Figuren entsprungene, Züge sofort recensirte, wollen wir kein Gewicht legen, da hieraus auf Seite der Gegner eine Schwäche sich verräth, die ihre Namen keinesweges vermuthen lassen. Dagegen verdient die Schnelligkeit

und der tiefe sichere Blick, mit denen die Blindlingscombinationen berechnet wurden, den höchsten Grad der Anerkennung.

5.

Der Gesammteindruck auf die Anwesenden fand in dem Glauben bezeichnenden Ausdruck, dass zu so wunderbaren Productionen höchstens ein oder zwei Geister im Laufe eines Jahrhunderts befähigt sein möchten. Wir theilen zwar nicht diese Ansicht, da wir die Ueberzeugung haben, dass bei nur einigermassen günstiger Einbildungskraft und bei entsprechendem Aufwande von Willensstärke verhältnissmässig nicht wenig Spieler solche Leistungen äusserlich zu Stande bringen möchten; wir müssen aber dem seltenen concreten Beispiele um so aufrichtigere Anerkennung gewähren, je höheren Werth die innere Natur der Kunstprobe an Tiefe und Trefflichkeit der gespielten Partien bietet. Wir fügen das folgende Urtheil eines Englischen Blattes hier an:

> „Als Probe von Gedächtnissstärke und geistiger Kraft überhaupt ist diese Production vielleicht noch durch keine andere übertroffen worden. Nicht nur hatte Mr. Morphy die ganze Reihe aller Züge von sämmtlichen acht Spielen im Kopfe, sondern er spielte auch in der That wahrhaft meisterhafte Partien, was sich schon aus seinen Siegen über Gegner wie Salmon und Rhodes schliessen lässt. Dazu kommt, dass seine Combinationen ebenso durch ihre geistvolle Tiefe, wie durch die Schnelligkeit, mit der sie erzeugt wurden, steigende Ueberraschung hervorriefen, und am Schlusse machte fast auf jeden Anwesenden die Production den Eindruck des Wunderbaren, ja fast Unglaublichen."

In Betreff der Zweckmässigkeit solcher Leistungen unterschreiben wir gern folgende wohlmeinende Erklärung der Englischen Zeitschrift „The Press":

> „Als wahrhaft wunderbare Kunstprobe Morphy's erscheinen jene Spiele, in welchen sowohl Gedächtniss wie Einbildungskraft zu hohem Grade angespannt werden, wir meinen die sogenannten Blindlingspartien. Philidor hatte drei solcher

Spiele zu gleicher Zeit gegen tüchtige Meister zu günstigem Ausgange geführt, und in neuerer Zeit brachte Harrwitz das Gleiche zu Stande. Mr. Morphy aber hat nicht weniger als sieben, ja acht gleichzeitige Blindlingspartien gespielt und davon die überwiegende Mehrzahl gewonnen. Das ist sicherlich Staunen erregend, allein wir sprechen die Hoffnung aus, dass unser genialer Gast sich mit dieser einen Production begnügen werde. Man erinnere sich hier an Dr. Johnson's Ausspruch. als eine junge Dame ein Meisterstück von Fingerfertigkeit auf dem Clavier vorgetragen hatte: „Es ist sehr schwer, ich wünschte, es wäre unmöglich!" Wir sind überzeugt, dass selbst eines Morphy Geist die Wiederholung solcher ausserordentlichen Anstrengung auf die Dauer nicht ohne Nachtheil ertragen würde. Ein geringerer Grad in solcher Anstrengung war von Einfluss auf den Tod eines Labourdonnais und hätte auch Harrwitz beinahe zu Grunde gerichtet. Aber auch selbst, wenn jene Leistung ohne nachtheilige Folgen wiederholt werden könnte, bietet doch das Ganze mehr einen Genuss der Neugier als wahre Befriedigung dem Kenner. Wir hegen die Ueberzeugung, dass diese Bemerkungen nicht übel aufgenommen werden; sie entspringen aus dem aufrichtigen Wunsche, dass Mr. Morphy sich dauernder Gesundheit erfreuen möge, um frei und ohne selbstgewählte Schwierigkeiten die Kunst, deren Meister er ist, zu üben."

6.

Nach einigen Bemerkungen über die Leitung der Association, über nationale Codification von Schachgesetzen und über Zusammenstellungen gespielter Partien wandte sich der Präsident, Lord Lyttelton, in seiner Ansprache zu Mr. Morphy, und es heisst dann im Berichte über die Rede folgendermassen:

„Lord Lyttelton accorded a welcome to Birmingham and a most hearty welcome too to their young and distinguished visitor, Mr. Morphy. (Much applause.) His Lordship then, in glowing terms. paid a tribute to the extraordinary merit of Mr. Morphy as a chessplayer and characterized his feat of playing eight antagonists at one time as the most wonderful thing he had ever beheld. He trusted that Mr. Morphy would be successful in all his games but one while absent from his native land; and that one his Lordship, amidst much laughter, trusted would be won by the veteran English player, Staunton. The noble President concluded by expressing his willingness to lend his aid on all occasions to the promotion of all matters connected with chess. (Loud cheers.)"

Mr. Morphy bat hierauf um das Wort und sprach dann seine tiefe Erkenntlichkeit aus für die herzlichen Glühkwünsche des Präsidenten, sowie seinen wärmsten Dank für die schmeichelhafte Aufnahme unter den Mitgliedern der Association. — Zum Schluss wurden dann noch passende Ansprachen von Mr. Avery, Staunton, Salmon und anderen Herren gehalten.

7.

Wir geben schliesslich noch eine Uebersicht der bemerkenswertheren vom Meister während seines Aufenthaltes in England, im Juli und August, gespielten Partien.

(Die erste Zahl bedeutet die Verlustpartien Morphy's, die zweite seine Gewinnpartien, die eingeklammerte Zahl die Remisspiele.)

A. Gleichauf gespielte Partien.

Barnes	7	—	19	
Löwenthal	3	—	9	(3)
Bird	1	—	10	(1)
Boden	1	—	5	(3)
Owen	1	—	4	
Loewe	0	—	6	
Medley	0	—	3	
Mongredien	0	—	2	

Hampton	0	—	2	
Kipping	0	—	2	

B. Vorgabe von Bauer und Zug.

Owen	0	—	5	(2)

C. Gleichzeitige Blindlingsspiele.

Acht Gegner	1	—	6	(1)

D. Consultationspartien.

Partei Löwenthal	0	—	0	(2)
Partei Staunton	0	—	2	

E. Offizier-Vorgabe.

Von einer grossen Reihe mit Thurm und Springervorgabe gespielten Partien hat der Meister keine einzige verloren.

Schlussbemerkungen.

Die Schilderung der Siegesthaten des transatlantischen Meisters auf gallischem Boden, in der Mitte des weltbekannten altangesehenen Schachzirkels der Régence, bleibt aus den engen Grenzen der gegenwärtigen Skizze um so strenger geschieden, als jene vielversprechende Wirksamkeit keineswegs schon vollendet vor uns liegt und somit noch nicht als geschlossenes abgerundetes Ganze in den Gesichtskreis historischer oder kritischer Betrachtung getreten ist. Wir lassen daher den Meister einstweilen in der französischen Weltstadt neue Lorbeeren sammeln und das Mass seiner Triumphe vollenden, und indem wir uns eine übersichtliche Darstellung dieser Thätigkeit, namentlich der in Aussicht stehenden Kämpfe mit deutschen Meistern, für eine spätere Gelegenheit vorbehalten, wollen wir jetzt zum Schluss noch einen kurzen Blick auf die eigenthümliche Spielweise des Meisters wie auf ihre Bedeutung für Fortbildung der Theorie werfen.

Ueber den äusseren Eindruck des Spieles unseres Helden hat man bereits in früheren Mittheilungen mannigfache Andeutungen gefunden, wir erinnern vorzüglich an die in No. 8. zum 2. Kapitel (S. 26.) wie in No. 1. zum 8. Kapitel (S. 155. u. 157.) vorgeführten Schilderungen, in denen es heisst, dass der Anblick seines Spieles einen zauberhaften Reiz gewähre, dass eine noch nie gekannte Ruhe, mit der die gediegensten Combinationen ausgeführt werden, sehr oft in überraschenden Contrast mit gewagten fast unglaublichen Manövern brillantester Spielführung trete und dass gleichwohl die anscheinend verworrensten Operationen sich zu wohlgefälliger Harmonie und wohlberechnetem Schlusse auflösen.*) Da für solche überwältigende Spielweise vollständige Beherrschung der Partie wesentliche Voraussetzung ist, so steht auch damit die durchgehends aggressive Natur des Spieltypus im Einklang, gleichwie selbst während temporärer Vertheidigung der Meister stets mit drängender Umsicht beschleunigte Aufnahme des Gegenangriffes im Auge behält.**) Wenn man in populärem Sinne mit der englischen Zeitschrift „The Press“ vier hervorragende Eigenschaften, welche den starken Schachspieler schaffen, annehmen will, nämlich Erfindungsgabe, Combinationstiefe oder analytischen Blick, Temperament und Gedächtnissstärke, so kann man der folgenden Darstellung jenes Blattes nur beipflichten. „In erster Beziehung, heisst es, möchten wir aussprechen, dass Morphy's Erfindungstalent an das Wunderbare grenzt. Er ist vornehmlich ein Angriffsspieler, und seine unberechenbaren Pläne zum Zurückdrängen des Gegners sind ebenso unerschöpflich wie glänzend. Man könnte mit ihm ein ganzes Jahr hindurch spielen und immer noch nicht wie Cicero von Hortensius sagen: „Novi omnes hominis petitiones.“ Vielleicht wird man uns noch besser verstehen, wenn wir seine

---

*) Wir heben nur das eine Beispiel des Damenopfers im 17. Zuge der 17. Partie (S. 46) hervor, welches alle Umstehenden, namentlich aber den bekannten Meister Stanley so frappirte, dass dieser, wie Marache in Leslie's illustrirter Wochenschrift berichtet, laut ausrief: „Mr. Morphy wäre wohl von Sinnen, „he should be confined in a lunatic asylum.“ „Not one present could fathom the meaning of this bold play until move after move showed to the wonderstruck spectators how accurate had been Mr. Morphy's calculations.“ Zum 25. Zuge derselben Partie heisst es dann: „Now we have the benefit of Mr. Morphy's unerring calculations, the white Queen is actually forced to place itself en prise to prevent mate.“

**) So wird in einer Anmerkung zum 21. Zuge f4—f5 der Partie gegen Perrin (vgl. 20. Partie S. 78) bemerkt, dass „Paul Morphy never swerves from an attack which he has calmly and deliberately planned. He is bold as well as scientific. De l'audace et toujours de l'audace is his forte.“

vielseitigen Angriffswendungen mit den kühnen Attaken eines Cochrane (bei uns in Deutschland vielleicht eines Graf Vitzthum zu Leipzig) vergleichen und zugleich auf ihre grössere innere Gediegenheit aufmerksam machen. Dazu kommt, dass Morphy's Spielweise weit weniger als die irgend eines seiner bisherigen Gegner die leiseste Furcht kennt, dass er vielmehr jederzeit bereit ist, die gefährlichsten Gambits zu spielen oder anzunehmen und die heutzutage in die Mode gekommenen geschlossenen Eröffnungen gänzlich zu umgehen. Hierdurch gewinnt nicht nur der Reiz seines Spieles für die Zuschauer in hohem Grade, sondern er selbst hat auch dabei an seinem richtigen Blicke für die verwickeltsten und schwierigsten Stellungen eine vortheilhafte Stütze. Mit einer wunderbaren Kenntniss des gesammten Feldes der Theorie wie aller von den grössten Meistern aufbewahrten Partien ausgerüstet, geht er in seiner Vorausberechnung stets weiter, als der Blick des Gegners zu folgen vermag und besitzt eine unerschütterliche Sicherheit darin, keine der noch so verschiedenen Zwischenvarianten bei seinen Combinationen ausser Acht zu lassen. Man könnte noch so viele von seinen gespielten Partien mit ihm durchgehen, und man würde kaum eine Möglichkeit entdecken, die von ihm nicht in Erwägung gezogen wäre. Hierzu kommt ferner das glückliche Temperament des jungen Meisters. Man betrachte ihn nur, wenn er am Brette sitzt. Der Blick wird zunächst gefesselt durch den geräumigen Vorderkopf, durch das klare leuchtende Auge und wohlgefügte Ohr; bei einer längeren oder wiederholten Betrachtung fällt aber unwillkürlich seine stets gleiche, unverrückbare Ruhe auf; kein für alle Anderen vielleicht noch so überraschender Gegenzug frappirt ihn, keine Niederlage entmuthigt ihn, kein Sieg überhebt ihn. Jung wie er ist, hat er sich überall in derselben unerschütterlichen Gewalt, mag er nun in der gemessenen Versammlung des St. George's Club oder in der lauteren Umgebung des Chess Divan sich bewegen. Daher ist er auch wie kein Anderer zu einem zähen und anhaltenden Wettkampfe geschickt. Endlich wollen wir noch ein Paar Worte über seine Gedächtnisstärke aussprechen. Mr. Morphy scheint in der That nichts zu vergessen, weder das Spiel, welches er selbst gestern führte, noch die Partie, welche er vor einem Jahre aus der Schachzeitung nachspielte. Nicht selten hat er englische Meister mit ihren eigenen Erfindungen, die sie vielleicht längst vergessen hatten, überrascht und in Verlegenheit gesetzt. Vor Allem verdient aber seine Gedächtnisskraft in jenen anstrengenden Partien Bewunderung, in welchen diese Eigenschaft sowie die Einbildungskraft zu hohem Grade angespannt werden, wir meinen die Blindlingsspiele.“ — Es folgt nun die Stelle über das Gedächtnisspiel, welche bereits unter No. 5. zum letzten Kapitel (S. 195. u. 196.) mitgetheilt ist.

Soweit „The Press.“ Ueber die innere Natur des Spieltypus können wir hier nur wiederholen, was wir bereits vor längerer Zeit in der Schachzeitung (März, S. 92.) angedeutet haben, dass schon die wenigen uns bis jetzt bekannt gewordenen Spiele Bewunderung für hohe Eleganz wie tiefe Positionskenntniss wecken, welche eine rapide Entwicklung zum Ausgangspunkt und ein schnelles Figurenspiel im italienischen Stile zur Basis haben. Dazu gesellt sich ein gewandter Blick für die Schwächen in der feindlichen Stellung und eine unwiderstehliche Verfolgung bis zum Erdrücken des Gegners; als Mittel dienen nicht selten unscheinbare aber die feindliche Entwickelung lähmende Baueropfer, welche anf innigem Zusammenwirken und durchdachtem Ineinandergreifen sämmtlicher Figuren sich stützen. Eine genaue Kenntniss des modernen Geistes in der Springerpartie macht häufig das daraus entspringende Mittel- und Flügelgambit zur Grundlage der Operationen und führt nach schleuniger Sicherung des eigenen Königs durch die Rochade zur entscheidenden Nutzung der Lauferlinien gegen die feindliche Königsstellung. Es ist eine innige Vereinigung von italiänischem Figurenspiel und moderner Behandlung des Springerspiels, welche den transatlantischen Meister charakterisirt, und könnte man bei ihm vielleicht noch die hohe solide Genialität eines Bledow und Anderssen sowie die durchgehend klare Correctheit eines Labourdonnais und v. d. Lasa vermissen, so berechtigt doch das jugendliche Alter auch in dieser Beziehung zu den höchsten Erwartungen. Zu einzelnen hervorragenden Manövern gehört hauptsächlich der rechtzeitige Angriff mit dem Königslauferbauer, die ungescheute und im entscheidenden Tempo gewählte Bewegung der Flügelbauern, namentlich zur Einleitung des Rochadeangriffs, ferner die zu kräftiger Temponutzung beliebte Sperrung der feindlichen Springer wie die Bewegung des eigenen Springers an den Rand zur Aufnahme des Gegenangriffs, endlich die zur Deplacirung der feindlichen Officiere so ausgezeichnete Benutzung von Baueropfern. Wir haben auf alle diese wie viele andere Eigenthümlichkeiten, wo sich nur immer Gelegenheit bot, in den mitgetheilten Partien ausdrücklich aufmerksam gemacht*) und vermeiden hier speciellere Zusammenstellung oder Wiederholung um so eher, als wir für spätere Zeit eine genauere ausführliche Kritik, deren besondere Schwierigkeiten tiefere Prüfung und gründliche Vergleichung erfordern, vorbehalten, inzwischen die Spielweise des Meisters aber möglicher Weise noch einer Aenderung und Vervollkommnung unterworfen werden und vielleicht durch den Abschluss eines grösseren Kampfes mit deutschen Meistern, namentlich mit unserem Anderssen, noch neues ergiebiges Material geboten werden könnte. Den Gedanken an die Möglichkeit einer Vervollkommnung haben wir, je versprechender das jugendliche Alter des Meisters erscheint, um so weniger zu bergen. Dazu kommt, dass es in der That einen Massstab für höchste klassische Spielweise giebt, wie er nur immer aus den Grenzen des Spieles selbst und aus den correcten Partien

---

*) Man vergleiche folgende einzelne Stellen. A. Ueber rapide Figurenentwickelung Partie 2, Zug 8; ferner 10, 14; 11, 17; 16 Schluss; 19, 10; 20, 5. — B. Ueber consequente Angriffsweise: a) im Allgemeinen 5, 10; P. 70; und unter Anwendung der theoretisch stärksten Spielweisen 3, 3; 8, 2; 26, 6; 40, 2; 45, 1; 45, 4; 50, 4; 52, 9; 55, 9. b) Einzelne directe Angriffe, in der Mitte 35, 11; 52, 9 u. 16; 55, 9; gegen die feindliche Rochade 7, 18; 9, 14; 12, 20; 15, 21; 43, 13; c) als theoretische Novitäten 12, 11; 18, 9 und 10; 19, 8 und 10; 37, 10. d) consequente Anlenkung einer wirksamen Figur 53, 16. e) Aufnahme des Gegenangriffs 12. 20; 14, 15; 26, 23; 28, 18; 45, 12; 60, 12. f) Energische Benutzung der Schwächen des Gegners 2, 30 und 48; 3, 3; 4, 10 und 17; 5, 5 und 13; 6, 4; 7, 12; 8, 61; 11. 21; 15, 21; 16 Schluss; 21, 7; 25, 12; 27, 16; 32, 25; 42, 23; 43, 1; 47, 14; 52, 6; 57, 15; 58, 18. — C. Ueber tiefe Combinationen: a) Als weite Vorausberechnung 43, 28; 48, 12; 54, 16; 60, 25; vorzüglich im Blindlingsspiel 35, 12; 37, 26; 38, 22. b) Als wohlbegründete Opfer 7, 16; 54, 16 und 17; 15, 23. c) Als Vorzug eleganter Spielweise 10, 19; 11, 21; 36, 13. — D. Verhältniss zwischen Offizierspiel und Bauerführung 30, 15; 35, 16 und 24; 44, 5; 45, 4; 48, 19 und 23; 49, 7; 50, 31; 60, 25. Damit hangen zusammen E. Einzelne Manöver: a) Baueropfer 9, 24; 15, 14; 16, 6; 17, 7 und 12; 20, 21; 33, 16; 42, 14; 43, 31; 46, 26; 48, 25; 49, 24; 54, 25. b) Qualitätopfer 12, 17; 15, 23; 21, 11; 44, 30; 48, 20. c) Sperrung 6, 7; 14, 7; 26, 9; 43, 10; 52, 11; 53, 12; 56, 13. d) Flügelbauern 14, 11; 20, 15; e) Bewegung des f-Bauer 2, 17; 20, 11 und 21; 32, 9; 35, 25; 37, 15; 43, 31; 48, 24; 52, 22; 55, 21; 59, 13.

der grössten Meister gewonnen werden mag. Es ist das Verhältniss des Bauern- zum Figurenspiele und der Grad, in welchem dasselbe in concreto dem einzelnen Spieler während seiner Praxis zum Bewusstsein gelangt. Auf der Höhe jenes Grades beruht die klassische Klarheit, welche wir in den denkwürdigen Spielen eines Labourdonnais bewundern und die für alle Zeiten leitende Norm bleiben wird.

Es mag ein Spieler sehr wohl die Bauern wie Figuren zu spielen verstehen, er mag mit instinctivem Gefühle oder genialem Positionsblick in den verschiedensten Wendungen einer Partie die theoretisch richtige Führung der einen wie der anderen Figurenart herausfinden; ob er aber bereits zu jenem hohen Standpunkte vorgedrungen sei, welcher mit voller Klarheit ein deutliches Bewusstsein von der Behandlung in dem einen wie anderen Falle stets gegenwärtig hält, ist eine andere Frage. Dieses überall vorhandene, lebendig wirkende Bewusstsein harmonischer Führung von Bauern wie Offfzieren und einer höheren Einheit in concreter Behandlung der beiden verschiedenen Spieltypen tritt als lebensfrisches Agens in den gedachten unsterblichen Spielen vorherrschend entgegen und giebt den inneren Grund für ihre über alles gehende Bewunderung. Die Frage, inwiefern nun dem jungen Meister, welcher nicht mit Unrecht ein überwiegendes Officierspiel liebt*), dessen allgemeine Vorzüge wie einzelne Schwächen für besondere Spielwendungen bereits zu vollkommener und in jedem Momente der concreten Anwendung bewusster Klarheit gekommen seien, lässt sich aus einer Vergleichung seiner Leistungen mit denen anderer Koryphäen (namentlich eines Labourdonnais, v. d. Lasa und Anderssen) gewissen-

*) Nicht im Sinne einer Analogie sondern als Wahrheit für das Spiel selbst mag hier einer Stelle von Dryden gedacht werden, welcher sagt: „Thus like a skillful chessplayer, by little and little he draws out his men and makes his pawns of use to his greater persons.“ — Uebrigens ist jene Mittheilung, dass der junge Meister in der ersten Zeit seines practischen Spielens eifrig nach Entfernung der eigenen Bauern zur freien ungehinderten Wirksamkeit der Offiziere gestrebt habe, für seinen Spieltypus wie für die Ansicht characteristisch, dass dieses aus seinem Genie unbewusst entsprungene Streben auch in der gegenwärtigen Läuterung vielleicht noch nicht zu vollständig bewusster Klarheit gelangt sei, und dass ihn auch jetzt noch, so wenig er es selbst vielleicht denken mag, stärker der Genius als jener höchste Grad stets gleich bewusster Spielführung leite.

haft beantworten.*) Wir sehen aber gegenwärtig von dieser Antwort ab und sprechen dafür die begründete Hoffnung aus, dass der neuerstandene Meister auch hier den höchsten Grad um so sicherer erreichen werde, je deutlicher in seinen bisherigeu Leistungen das Streben nach möglichst correcter und theoretisch bewährter Spielweise hervortritt. Nicht selten haben wir zur Andeutung dieses Umstandes in den vorgeführten Partien Gelegenheit gefunden, und wir könnnen hieran zugleich in objectivem Sinne für die Förderung der Theorie selbst glückliche Hoffnungen knüpfen. Dazu kommt die gewissenhafte Aneignung des bisher ergründeten theoretischen Wissens**), welche für praktische Veranschaulichung und fruchtbare Verwerthung in der lebenden Partie noch viele günstige Resultate in Aussicht stellt und solche in manchen Theilen der Theorie bereits zu vollendeter Reife gebracht hat. Vor allen Spielarten ist hier das Evansgambit hervorzuheben, welches der junge Meister (als vorzüglich ergiebig für seinen eigenthümlichen Spieltypus) mit besonderer Vorliebe zu pflegen scheint und, wie wir aus mehreren Partien gesehen haben, in kräftiger, bisher wenig beachteter, Methode fortzusetzen versteht. Ausserdem kann auch die Behandlung der sicilianischen Eröffnung, wie das Vertheidigungsspiel in der Springerpartie und gegen vorzeitige Bewegungen der Lauferbauern, erwähnt werden. In diesen Spielarten ist zugleich dem jungen Meister seine genaue Wissenschaft von allen theoretischen Erfahrungen (insbesondere von der modernen deutschen Literatur und, wenn der Autor es andeuten darf, auch von dessen theoretischen Novitäten), gegen die bisherigen Gegner, welche jene Kenntniss nicht in gleichem Grade erworben hatten, für das praktische Spiel zu Statten gekommen. Ein solch umfassendes Interesse für vorhandene theoretische Untersuchungen kann natürlich in der Begleitung so ausgezeichneter praktischer Meister-

*) In dieser Beziehung sind, was den letztgenannten Meister betrifft, vorzüglich dessen Turnirspiele gegen Wyvill herzorzuheben, von denen namentlich die 1 wie 5. u. 7. Partie mit der Spielweise des transatlantischen Meisters verwandten Character und in einzelnen Abweichungen zugleich jenen hohen Einfluss geläuterter Klarheit bekunden, die sich stets bewusst ist, wann und warum sie dem einen oder anderen Spieltypus Vorzug gegeben.

**) Dies erkennt selbst Staunton an, wenn er in der londoner illustrirten Zeitung vom 9. October sagt: „Not one of the least of Mr. Morphy's accomplishments is his profound knowledge of all the openings. There does not appear a single début in which he is not thoroughly versed.“

schaft zu Gunsten der theoretischen Fortbildung nur vortheilhaft wirken, und wir schliessen unter dieser bereitwilligen Anerkennung mit dem aufrichtigen Wunsche, dass zur Freude der Praktiker wie Theoretiker des königlichen Spieles seinem ritterlichen Meister noch lange Zeit ein segensreicher Wirkungskreis vergönnt bleiben möge.

Berlin, am letzten Marientage
i. J. d. H. 1858.

M. Lange.

Zeitfracht Medien GmbH
Ferdinand-Jühlke-Straße 7
99095 Erfurt, Deutschland
produktsicherheit@kolibri360.de